世界
汽車史
100

汽車如何改變人類的活動範圍？
你曾經思考過引領汽車奔馳的最新尖端技術嗎？

世界汽車史

林唯信 ◆ 著

賴姵瑜 ◆ 譯

100

從1769年的蒸汽車到未來汽車，全部一覽無遺

　　汽車上市6、7年後會世代交替。由於是完全改變，所以稱為全面改款（Full-model change）。汽車即使未經世代交替也不會影響行駛，但要配備符合時宜的技術、安全水準、流行趨勢，大幅改款有其必要。《世界汽車史100》於韓國發行第一版過了7年後，汽車市場迅速變化。當時介紹的尖端技術，現在已經廣泛使用，當時所寫的「未來型汽車」車款，現已成為四周隨處可見的車子。如同汽車環境改變，汽車會隨之世代交替一樣，本書便是因應時代變化而出版的修訂版。

🚗 汽車本質上的重大變化正在持續

　　汽車（automobile）意指本身得以驅動的交通工具。引擎產生動力，轉動車輪，載送人貨。雖然是本身驅動，但操作是經人之手。目前正在開發的無人駕駛汽車，即使沒有人駕駛，也能自動在道路上行駛，成為無人輔助就能真正自動行駛的交通工具。

　　汽車引擎的運轉需要燃燒燃料。初期，燃料使用從石油中提煉出來的汽油或柴油，而最近電動車正在迅速增加。電動車行駛時，使用的是電力而非油料；電動車自電動馬達取得動力而非引擎。汽車產生動力的方式已完全改變。

　　汽車要在道路上行駛。道路無法無限拓寬，但汽車卻不斷增加。人多聚居的都市道路總是壅塞難行。為解決道路不足問題，飛天車成為當今新的未來交通工具。

🚗 汽車技術的發展速度愈來愈快

　　動搖汽車本質的多重變化正在迅速發生。從最近汽車領域的發展速度來看，最近10年的變化，感覺上比過去100年更快。僅僅10多年前，電動車還處於商業化初期階段，充電一次能夠行駛的距離止於100公里左右，而且充電相當耗時。當時，人

們認為電動車要正常發揮作用仍需很長一段時間。但如今，電動車的水準已提升至可以合理駕駛上路的程度。充電後的行駛距離延長到700至800公里左右，充電時間也縮短到20至30分鐘。不僅電動車，汽車各個領域的技術發展，速度快到簡直無法想像。

🏎 汽車是與我們一起生活的存在

自走出家門的瞬間就能看見汽車，停車場或道路上，到處都是汽車。韓國人口5200多萬人，汽車登記數量超過2500萬輛，相當於每兩人有一台車。依此程度來看，汽車應該算是與我們一起生活的存在。實際上，家家戶戶至少都有一輛車，汽車確實就像家中的一分子。我們不僅與汽車共存，而且無論自用車或巴士，幾乎每天都會用到。在實際生活中，汽車與我們有密切關係，自然也備受關注，既然如此，我們更要多加了解。

本書鋪陳的故事，從1885年卡爾・賓士（Karl Benz）發明的汽車，直到未來汽車。針對汽車本質上的重大變化，以及史無前例快速發展的技術，本書也收錄了汽車共享服務、擴增實境技術、環保材料等最新趨勢的故事。如同汽車的世代交替與發展，盼望各位讀者在閱讀本書時，也能一步步深入汽車知識。

2023年2月

林唯信

第3章 汽車的設計與構造

第4章 世界頂級汽車與汽車公司

第5章 ## 有趣的汽車故事

第**1**章

汽車的發展與未來汽車

賓士Simplex 28

汽車發明只有140多年的歷史，卻大大改變了人類社會。拜汽車之賜，人們得以在遠距離間快速移動，活動範圍變得更為廣闊，交流更加豐富多樣。汽車的功用不僅僅是交通工具，除了在戶外充當可以移動的家，也可作為運動娛樂之用。汽車被視為高價值的收藏品，也適合作為嗜好消遣的用具。汽車發揮交通工具的作用，持續往更快速、更安全、更舒適的方向發展。自發明迄今主要依賴引擎行駛的汽車，現在出現以電動馬達驅動的變化。如電子產品一般，汽車充電之後再行駛的時代已經來臨。不用人親自駕駛的無人駕駛汽車，同樣正在如火如荼地開發中。

勞斯萊斯Spectre

本身得以驅動的車
——汽車的定義

最初汽車問市時，發明家們非常苦惱該取什麼名稱。候選的名稱繁多，如自動裝置、油料機車、馬達馬車等。最後，由源自法語的「automobile」獲選為最適合的汽車名稱，意思是「本身得以驅動」的車。

賓士Simplex 28

BMW LMDh賽車

🏎 既是交通工具，也是運動用具

汽車指的是將引擎產生的力量傳遞給車輪，用以運輸乘客或貨物的交通工具。英國稱之為「car」，該字源自拉丁文的「carrus」或「carrum」，意指「帶輪騎乘工具」。美國主要使用「automobile」一字，語源來自希臘文表示「自己、本身」的「autos」和意指「移動」的「movere」。

汽車難以用一句話來定義。不過，法規之內有所規定。韓國《汽車管理法》中明訂汽車為「以原動機在陸上移動為目的而製作的用具或以之曳引在陸上移動為目的而製作的用具」，這是主要將重點放在交通工具的定義。

汽車確實是交通工具，但這並非全部。汽車也用以作為運動用具。賽車運動

（motorsport）是一項汽車競速運動。參賽車皆是競賽特製車，無法在一般道路行駛。

🏎️ 既是收藏品，也可以充當移動的家

有的人不坐車，只收集車。這時，汽車不是交通工具，而是滿足個人嗜好的用具。西亞國家的王族或知名演藝人員之中，有的人擁有數十至數百輛車。尤其是所謂的古董車，製作年代久遠而保養完善，具有其歷史價值，得以高價交易。此時，汽車成為古董文物。

越野車（off-road）不在道路，而是在崎嶇的山路或沙漠行駛。露營愛好者之中，也有人會將汽車當作營帳使用，連結汽車帳篷，打造成溫馨舒適的空間。此時，汽車化為輔助休閒活動的工具。露營車則是乾脆配備居住空間，扮演了移動小套房的角色。汽車基本上是一項交通工具，但根據如何運用，得以發揮豐富多樣的作用。隨著社會發展和文化多元化，使用汽車的新方法層出不窮。

勞斯萊斯Spectre

誰是頂級汽車收藏家？

世界頂級汽車收藏家首選汶萊國王。汶萊是位於印尼附近婆羅洲島西北部的小國，雖然領土小，人口少，但地下資源豐富，故為極富裕的國家。

汶萊國王哈吉·哈山納·波基亞（Haji Hassanal Bolkiah）以生活奢華聞名遐邇，特別是他的汽車收藏堪稱世界第一，其中包括舉世僅有2部的布卡堤（Bugatti）EB 110 SS、限量5部的超級跑車麥拉倫（McLaren）LM、為自己生日特製的法拉利（Ferrari）FX等，單單稀有珍貴的超級跑車就有20多台。據說他擁有的汽車數量超過7000多輛。

第一輛汽車
——居紐的蒸汽車

蒸汽機是利用水蒸氣產生動力的裝置。液態水煮沸後，會變成氣態水蒸氣，體積變大。在密封空間內將水煮沸，水蒸氣體積變大，產生向外散逸的動力。利用該動力，便能運轉機械。水蒸氣的動力相當可觀，連龐大的船隻與火車都能以此運轉。

居紐發明的首部蒸汽車

🚗 首部蒸汽車用以搬運大炮

　　人類自古嘗試不用人或動物的力量來移動。1769年，法國人尼古拉·約瑟夫·居紐（Nicholas-Joseph Cugnot，1725～1804）製成運用蒸汽機的汽車。該三輪汽車在前方設有燒水的鍋爐，速度慢達時速4至5公里左右，每15分鐘必須補一次水。

　　當時，居紐隸屬法軍工兵隊，製造該車的目的為搬運大炮。居紐的蒸汽車沒有讓車子停下來的剎車器。雖然操縱前輪可變換方向，但前方裝設的鍋爐很重，操縱相當困難。最後，車子在坡路上撞牆起火，創下世上首部汽車發生世上首起交通事故的紀錄。

軍隊參謀們目睹事故，認定居紐的蒸汽車是危險機械而禁止行駛。據說，製造蒸汽車的居紐也因此入獄。

🌑 首部汽車也是首台火車

最早的乘用蒸汽車是英國礦產技術人員理查·特里維西克（Richard Trevithick，1771～1833）在1801年製成。受詹姆斯·瓦特（James Watt）製造蒸汽機和居紐發明蒸汽車刺激，特里維西克決心打造出人們可以乘坐的蒸汽車。

歷經1年餘的努力，特里維西克終於製成直徑80公分的單前輪與2公尺雙後輪的蒸汽車。據說該車為9人座，特里維西克及8名朋友乘坐，先在附近行駛了1.6公里。幾天後，又再進行長距離的行駛試驗，遠至相距26公里的鄰村。

1802年，運用蒸汽行駛的汽車取得專利。為了大量製造，特里維西克廣募投資人。據說，他將蒸汽車帶到英國倫敦，載乘市民進行宣傳，但投資人並未出現。

特里維西克另尋運用蒸汽車的方法，遂在附近空地上建造簡易鐵道，將蒸汽車的輪子改造為火車的輪子，猶如遊樂園的火車一樣運行。特里維西克的這台鐵道汽車，被認為是世界上最早的火車。

理查·特里維西克

理查·特里維西克的蒸汽車

不同時代
汽車的特徵

汽車的模樣也有不同流行的風格，初創時期的汽車與現今汽車的模樣不同。將人乘坐空間安置於四輪之上的構造沒有變化，但外觀卻大相逕庭。隨著時代的發展，汽車的性能和設計也有所變化。

凱迪拉克LaSalle

🚗 1885至1900年代初：開始開發

即使在1885年前後，卡爾·賓士製成獲得專利的汽車之際，汽車仍非正式的交通工具，而是可看熱鬧的新奇發明物。當時，汽車價格昂貴，燃料供應站等基礎設施也不完善。據說，發明後沒多久就經常發生故障，僅極少數階層為了好奇心或個人嗜好而購買。

🚗 1900至1910年代：開始正式販售

此時，汽車的構造穩定成型，採內燃機引擎置於汽車前方，滾動後輪的現有方式。尤其，福特T型車（Ford Model T）藉大量生產壓低價格，對於汽車普及起了莫大作用。

1920年代：技術標準化

自1920年代起，汽車出現車頂的構造形成，技術快速標準化，製車技法或零配件尺寸也達到某種程度的統一。

1940年代：完成現代技術

目前使用的汽車技術，大多在這個時期開發而成。受經濟大恐慌和第二次世界大戰的影響，汽車公司的數量減少至100家以內。

1940至1970年代：廣為普及

汽車的性能大幅改善。型態也開始定型為今日一般的現代外觀，設計美觀的汽車陸續登場。當時，包括福斯（Volkswagen）金龜車Beetle、MINI等傳說等級的知名小型車紛紛問世。

1970年代至90年代：電腦設計的普遍化

以相同骨架製作多種車款的方式廣為使用。受石油波動影響，小巧且燃油效率佳的小型車迅速普及。此外，對安全的認識也有所提升。

2000年代以後：新能源時代

混合動力車和電動車等，以環保和提高燃油效率為訴求進入市場。原本汽車動力源只使用內燃機引擎（利用汽油和柴油等化石燃料），從此產生巨大變化。

石油危機與汽車開發

1973年至1974年曾有一次全球石油價格飆漲，1978年至1980年又有一次。這兩次經驗稱為石油危機。生產石油的西亞地區國家之間發生紛爭，導致石油供應不足。

汽車驅動是以石油為能源，必然對石油問題較為敏感。因此，經歷兩次石油危機後，汽車的體積變小，出現燃油效率高的經濟型車款。

福斯Beetle

豐田Corolla

BMW i3

汽車共用

汽車價格昂貴，購買的負擔大。買車後還要繳付稅金、油費、修理費等。車子一旦出售，就淪為二手車，只是放著價值也會隨時間下跌。如果買了車又不常乘坐，可惜白白浪費錢。這類問題的解決方法，就是汽車共享。即使不買車，必要時也有車可乘，買了車的話則可善加駛用而不閒置。

雷諾集團電動車專用共享服務ZITY

🚗 汽車共享從以前就有

共享經濟是不擁有物品而相互借用的概念。近來，人人持有智慧型手機，再加上媒合用戶的技術發達，很容易找到共享的人。共享經濟的規模，已擴及至可以城市或國家為單位共享汽車的程度。

租車也是一種汽車共享。不同於租車以一日為租賃單位，使用完畢必須加滿油，汽車共享以分鐘為租賃單位，燃料費也包含在費用中收取。共乘（carpool）為行車方向相同的人一起搭乘，同樣也是汽車共享。近來，可使用應用程式媒合想要共乘的人。

18

汽車共享的型態各式各樣

共享的方式各式各樣，包括多人持有使用一輛車、車主在空檔將自己的車借給別人、車主自駕載送他人、專業經營者短期借車給用戶等。

汽車共享經濟規模擴大後，益處也會隨之產生。如果多人共同擁有一輛汽車，不必家家戶戶都買汽車，可以減少購買時耗費的金錢和維修費。只要彼此協調時間，需要的人就能適時開車。汽車增加所衍生的資源、環境、交通問題也會減少，停車問題也得以解決。

汽車訂閱服務

定期訂閱指的是每月支付一定費用收看或借用的服務，以每月付款看電影的服務來思考就可以理解。汽車也能訂閱搭乘。一個月繳交一定費用，便得以換車搭乘。這很適合希望能夠定期坐自己喜歡的車、想要試乘各種車的人。不必非要買車賣車，也可以方便地乘坐自己喜歡的車。

最近還推出汽車功能的訂閱服務。特定功能可每月繳錢使用，以較低廉的費用買車後，只需訂閱必要功能。因為可用軟體控制汽車功能，才產生了這類服務。

提供汽車共享服務的現代汽車子公司MOCEAN

最後一哩

移動或搬運物品時，直到目的地之前的最後一區段，稱為「最後一哩（last mile）」。上學時搭公車，走到公車站之前的路是「第一哩（first mile）」，從公車站到學校的剩下區段是最後一哩。在該區段，可利用步行或公車以外的其他交通工具。近來，短距離移動時使用電動機車或電動自行車的情況愈來愈多。機車或自行車並不方便攜帶，所以多使用共享服務。

以電動馬達
驅動的汽車

電視、冰箱、電腦、手機等電子產品,皆以電力為能源運轉。電動車由電動馬達運轉,滾動輪子,驅動汽車。電動馬達由車內的巨大電池供電,當電池的電量用完,像手機一樣充電後使用。

現代IONIQ 5

奧迪e-tron GT

🚘 電動車靠電力行駛

電動車以電動馬達取代引擎。電動馬達是由電池供電運轉,驅動車輪。與手機等充電後再使用的電子產品一樣,電動車內建巨大的電池。不同於配備引擎的汽車要去加油站加油,電動車則是在充電站充電。

🚘 電動車保護環境

配備引擎的汽車會排放汙染物質。引擎內燃燒燃料產生的不良物質皆會排出車外。全世界駛用的汽車數量為15億輛,如果這麼多車排放汙染物質會破壞地球環境。為了保護環境,世界各國和汽車公司正在研究不排放汙染物質的汽車。汙染物

質排放較少或完全不排放的汽車，稱為環保車。而在環保車之中，電動車不會排放汙染物質。

🔩 電動車時代快速來臨

　　曾有很長一段時間，電動車被視為未來汽車。要開發出大眾可以任意搭乘的電動車並非易事，所以人們認為這類車還要久遠之後才有辦法購買。現代式電動車的問世始於1990年代中期，但要實際駕駛並不容易。充電後可行駛的距離很短，僅僅100至150公里左右，充電也要花上數小時的時間，而且幾乎沒有充電站。比起配備引擎的同等大小汽車，價格更貴上好幾倍。原本人們預料要很長時間才能解決這些問題，即使進入21世紀，電動車時代也要數十年後才會到來。然而，電動車時代比預想地來得快。自2010年左右開始便迅速發展，電動車目前已經發展到可以取代引擎汽車的程度。

19世紀電動車

電動車看似最尖端的未來汽車，但首次亮相可上溯至19世紀。

1832年 蘇格蘭商人羅伯特·安德森製成原油電動馬車。當時的原油電動馬車，與其說是交通工具，不如說是實驗用汽車。

1881年 法國發明家古斯塔夫·特魯夫發明可載人、可再充電的電動車。比起世界最早的引擎車，即卡爾·賓士的專利電機車（Patent Motorwagen），該車提前5年問世。當時電動車很受歡迎，1900年代初，美國的電動車比引擎車多。

1910年代中期 由於引擎車大量生產，價格變便宜，油田開發又導致油價下跌。因此，引擎車得以廣泛普及，進入1930年代後，電動車幾乎消失。

BMW iX

BMW iX內部結構

氫能車

多國政府與汽車公司正在開發不會排放不良物質的環保車。
電動車、氫能車、太陽能車算得上是其中代表性的環保車。
電動車正在積極普及，氫能車的車種雖少，但已有銷售用車
款問世。

現代NEXO

豐田Mirai

🔵 燃燒汽油和柴油會產生不良物質

　　汽車只要能運轉，用什麼燃料都沒關係。汽油和柴油等自石油提取的燃料，不
僅製造容易，價格也適中，所以最常使用。然而，這類油有大問題。問題在於燃燒
時會產生大量不良物質。

　　無論紙、木頭或塑膠，燃燒時會產生濃煙和刺鼻的氣味。汽車也一樣，引擎
燃燒油料會產生大量不良物質。汽車內部有過濾裝置，避免這類不良物質流入空氣
中。但過濾裝置的性能有限，難以符合日趨嚴格的規範。

🔘 氫能車的種類有兩種

　　一是氫燃料電池車，以氫氣發電用作能源；一是氫內燃機車，以燃燒氫氣來轉動引擎。目前市面上販售的車是氫燃料電池車。氫燃料電池車也是一種電動車，但以氫氣發電充電，不同於一般電動車用充電機來充電。燃料箱加滿氫氣的所需時間為3至5分鐘左右，加滿後可以行駛500至600公里。全世界正在銷售的氫燃料電池車少之又少。代表車款只有現代（Hyundai）NEXO和豐田（Toyota）Mirai。氫氣充電站幾乎不存在，加上購買若無補助金，車價昂貴，所以普及有其限制。

　　太陽能車係以太陽能產生的電力來轉動馬達而運行的汽車。用太陽能發電相當耗時，而且無法瞬間產生可供持續行駛的大量電力，所以車速也很慢。如果未來油料不足，燃料耗盡，屆時說不定只能駕駛太陽能車。

🔘 排出水的氫能車

　　水的分子式為 H_2O。大家應該都知道，這意思是2個氫原子和1個氧原子。氫能車自氫氧反應取得能量，所以會從排氣口流出水。為了證實車子很乾淨，製造氫氣車的公司社長甚至曾經用杯子接車子流出的水來喝，足見氫能車十分乾淨。

韓國產氫燃料電池車

氫燃料電池車是世界市場上韓國產汽車領先的領域。2013年，韓國現代汽車以市售為目標，開發出氫燃料電池車 Tucson ix Fuel Cell。該車在3到10分鐘內充完電，可行駛415公里。價格十分昂貴，剛上市時為1億5000萬韓元（新台幣約352萬元），2015年降至8500萬韓元（新台幣約200萬元），比同等級車貴3倍以上。此外，充電站幾乎不存在，所以銷售量不大。

2018年第二款車NEXO推出。不同於 Tucson ix Fuel Cell 改造自一般車款，NEXO採氫能專用車款，行駛距離增至600公里左右，價格也降至7000萬韓元（新台幣約164萬元）左右。若取得補助金，價格會降低一半，全國充電站也增至130餘座，每月銷售持續達數百輛。

BMW H2R氫燃料（Hydrogen）跑車（2004）

引擎與馬達一起產生
動力的混合動力車

汽車也有「混合型」,即混合動力車(hybrid)。混合動力車是燃料與電力併用的汽車,需要強大動力時由引擎運轉;穩定行駛時,則由電動馬達驅動。

起亞Niro

🚙 對環境危害較小的混合動力車

　　全世界眾多汽車繼續使用油料的話,總有一天石油會耗盡。因此,汽車公司想要製作出低油耗或完全無油行駛的車子。之所以要製造不用油料的車,另一個原因是環保。燃燒油料會產生不良物質,雖然汽車內部過濾掉一定程度,但無法完全減少。地球上的眾多汽車排放汙染物質,大氣環境會遭到毀壞。

　　電動車是無油行駛的代表性汽車。由電動馬達驅動車輪的電動車,乃是不排放汙染物質的乾淨汽車。雖然電動車日漸普及,但要像配備引擎的汽車一樣暢銷,還要一段時間。汽車公司動腦筋,製造出結合燃油驅動車和電動車的車子。這是一款可用引擎運轉,又可用電動馬達行駛的汽車。無需強大動力時,只用電動馬達行

駛；需要動力時，則由引擎運轉。需要極大動力時，引擎和電動馬達會一起運轉。這類車稱為混合動力車（hybrid）。英文「hybrid」意指混合型，該車種混合引擎和電動馬達，故得此名。

🔧 環保車——插電式混合動力車

混合動力車的引擎和電動馬達各自作業，所以引擎的運轉時間比一般汽車短。引擎運轉得少，所以較不耗油，排放的汙染物質也少。因此，混合動力車被稱為環保車。混合動力車之中，也有類似電動車的插電式混合動力車（plug-in hybrid）。相較於一般的混合動力車，放入的電池更多，單憑電動馬達行駛的時間更長。混合動力車在引擎運轉時為電池充電。插電式混合動力車也可以將充電電纜連到車子，插入插座充電。這與智慧型手機的充電原理相似。行駛時，它與一般混合動力車一樣，可用引擎產生的動力來充電。由於電動馬達會多使力，所以比一般混合動力車的油耗少得多。

保時捷Panamera S E-Hybrid　　　　　　　　　　豐田Prius

最早的混合動力車——Semper Vivus

德國費迪南・保時捷博士（Dr. Ferdinand Porsche）製造的混合動力車Semper Vivus早在1900年問世。其組成為前輪搭載電動馬達和兩具引擎，引擎只在發電機運轉時使用。第二次世界大戰時，德國和英國製造的坦克也以混合動力的方式運轉。現代混合動力車的始祖為1997年推出的豐田Prius。現今有不少配備混合動力系統的汽車推出。

自動駕駛汽車

開車方便移動至他處,路上也可以欣賞美麗風景。但若是長時間駕駛,神經會變遲鈍,睡意來襲,有可能因此發生危險。如果汽車能自動駕駛,則無論年齡與健康,任何人皆可搭乘汽車移動。

現代IONIQ 5自動駕駛機器人計程車

🚗 開車愉快卻辛苦

開車首重年齡與健康。只有成人(滿18歲以上)才能取得駕照開車。上年紀眼花或精力衰落的人很難開車,行動不便的身障人士開車也有許多限制。

開車時產生的疲勞或辛苦情況也令人擔憂。為了解決這些問題,汽車公司正在製造能夠自行駕駛的汽車。由於是自行駕駛,所以稱為「自動駕駛汽車」;或者由於沒有人駕駛,又稱為「無人車」。

🚗 利用感應器定位

自動駕駛汽車的核心技術是自動提速或降速的基本駕駛功能。其次是利用感應

器輸入接收和處理視覺資訊的技術，用攝影機等感應器掌握前後左右的其他汽車或障礙物位置，並以此改變方向或避開。最重要的技術是定位，唯有知道自己的位置，才能對應前往目的地。為此，須配置全球定位系統（GPS）、雷達、攝影機等尖端裝備。用於自動駕駛的GPS必須精確到誤差範圍只有10公分的程度。

🖲 現在出現等級3的自動駕駛汽車

目前，谷歌（Google）旗下的Waymo、通用（GM）旗下的Cruise、Motional、Aptiv、Pony.ai等多家自動駕駛企業正在提供試行或示範服務。示範服務主要投入機器人計程車。比起汽車公司，谷歌或百度等IT公司更積極著手開發。

汽車公司也開發自動駕駛汽車。2010年，奧迪（Audi）打造的TTS自動駕駛汽車，在無駕駛員之下行駛於美國科羅拉多州派克峰（Pikes Peak）山路上。2015年，奧迪A7自動駕駛汽車成功自美國舊金山行駛至拉斯維加斯，里程達900公里。除奧迪之外，賓士（Mercedes-Benz）、BMW、富豪（VOLVO）、豐田、現代等多家公司也在開發自動駕駛汽車。

目前，汽車公司推出的自動駕駛技術為等級3。現在是等級3自動駕駛汽車問世的階段，暫僅有賓士、奧迪、本田（Honda）的部分車款使用自動駕駛等級3技術。開發技術也得符合各國法規和制度等，自動駕駛汽車要在市場上推出，仍須經過複雜程序。

自動駕駛技術階段

自動駕駛根據技術水準來區分等級。使用的標準是美國汽車工程師協會（Society of Automotive Engineers；SAE）訂定的6階段。從等級3開始由系統主導駕駛。

等級0 由人控制所有駕駛情況。

等級1 由一個以上的自動控制功能輔助駕駛員。

等級2 在特定條件下由系統輔助駕駛。

等級3 在有限條件下自動駕駛。僅危險時駕駛員才介入。

等級4 在指定條件下自動駕駛。

等級5 無需駕駛員的100%完全自動化。

奧迪urbansphere概念車

賽車活動有哪些？

汽車是為了載人和運送物品而製造，因此加快行駛速度很重要。速度是汽車最基本的特性之一，速度的特性結合人們的競爭本能，從而誕生的就是賽車活動。

寶獅9X8極速超跑

賽車活動由來已久

據說，賽車活動在1800年代後期汽車發明後沒過幾年就出現。賽車活動種類繁多，其中以一級方程式賽車（F1）、世界拉力錦標賽（WRC）、勒芒（利曼）24小時耐力賽為世界三大賽車盛事。

追求極速刺激的一級方程式賽車（F1）

一級方程式賽車（Formula One，簡稱F1）競賽中駕駛的是四輪外露且無車頂的比賽用車。符合F1的比賽用車是另外特製的，目的只為最大限度地提升汽車性能。由於製作旨在加快速度，所以比賽用車叫做「機器（machine）」，而非汽車。比賽用車也無法在一般道路上行駛。

F1賽車行駛的跑道稱為賽道（circuit）。F1賽車以平均時速超過200公里的高速在賽道上行駛，最高時速甚至可高達350公里。一年內陸續在全世界20多處舉行比賽，亞洲地區曾在日本、韓國、中國舉辦。一年期間舉行大賽，按照每場大賽的排名評分，得分最高的選手和車隊將獲得冠軍獎。

行駛於顛簸荒道的世界拉力錦標賽（WRC）

　　WRC是「世界拉力錦標賽（World Rally Championship）」的縮寫。F1只能由比賽用車行駛在封閉賽道上，而WRC則是行駛在一般道路上。當然，不是行駛在柏油路，而是山路、雪路、土路等顛簸荒道。因為必須行駛在狀態不佳的道路上，車子必須非常堅固。

　　WRC的比賽用車取自一般的銷售用車。當然，車子會改造為適合賽車的性能，只有外殼保留一般車的模樣，內部可視為截然不同的車子。WRC由兩名選手坐乘一車。一人開車，另一人在旁輔助，幫忙看地圖，提前掌握道路狀況，從旁告知該如何轉向。WRC也在世界各地進行比賽。每場比賽皆有評分，所有比賽結束之後選出最終的勝利者。

考驗24小時耐力的勒芒24小時耐力賽

　　勒芒（Le Mans）24小時耐力賽是測試耐性持久力的比賽。持續駕車24小時行駛在賽道上。車子不能故障，必須快速行駛。汽車不堅固就沒辦法行駛到最後。一個人開不了24小時，所以會由3人輪流駕駛。最後，由未發生故障又跑得快的車子獲勝。

第**2**章

汽車的技術

布加迪Chiron

汽車是一種機械。隨著技術發展，機械的性能會改善，汽車同樣不斷在發展。最近，汽車的功能操作起來像智慧型手機一樣，只要用手觸控車內的大螢幕即可。方便駕駛的輔助技術也進步了，即使駕駛員未操作，汽車仍會與前方車輛維持一定距離，遵守車道行駛。利用擴增實境，導航系統可將虛擬資訊標示在道路上，指引路徑。頭燈也有所發展，單純照亮前方的功能之外，還可用光線照出圖案。為求環保，利用回收材料製造各種零配件的技術也如火如荼地實現中。結合各種功能和零配件而成的汽車，可謂是尖端技術的集合體。

福斯XL1

就算沒有鑰匙
也能啟動

汽車都會有鑰匙，有時用來開門或鎖門，有時則用來啟動車子。從開車的第一瞬間直到下車的最後一刻，鑰匙是必不可少的工具。本節將介紹汽車鑰匙如何進化。

驅動汽車的第一道力量

汽車用引擎驅動，不用引擎時要將引擎關掉，而使引擎運轉的行為稱作啟動。靜止中的引擎自己動不了，必須以外力轉動曲軸（crankshaft）這項配件。曲軸是由以電力驅動的啟動馬達轉動，若要運轉啟動馬達，則必須供電。

汽車鑰匙插上轉動後會產生電力，啟動馬達隨之轉動。馬達轉動引擎的曲軸，同時引擎開始轉動。啟動馬達是電力裝置，所以必須要有電，而汽車內有電池可以供電。插上汽車鑰匙後的啟動動作，就是將電池中的電力傳遞至啟動馬達。

電量弱的話，以人力推車

電量弱時，車子會不好啟動。在溫度極低的寒冬，電池也可能無法正常發揮作用。如果車子未關燈就熄火，久置的話，電池會電力耗盡而無法啟動。這時必須將電線連至其他車子的電池上，或請汽車維修專家供電。

過去，配備手排變速箱的手排車較多，車子無法啟動時，由人下車推動的情景經常可見。近來，大部分的車子是配備自排變速箱的自排車，且保險公司的緊急救援服務良好，已經很難看到這樣的情景。

🌀 從鐵桿進化到按鈕

　　直到近期，讓汽車發動的方法是將鑰匙插入汽車啟動裝置。最近新推出的車子，則多用一按就能啟動的按鈕，讓開車愈來愈方便。

　　很久以前的汽車沒有啟動馬達，是由人代替馬達的角色。人必須走到汽車前方，將鐵桿連至曲軸並轉動，直到汽車啟動運轉。農村的耕耘機至今也經常用此種啟動方法。

　　駕駛座旁邊的座位稱為副駕駛座。日文和韓文中將副駕駛座稱為助手席。據說，過去由人力轉動曲軸時，是由坐在駕駛人旁邊座位的助手負責轉動。

　　1912 年，凱迪拉克（Cadillac）公司發明啟動馬達後，讓發動車子變得更加輕鬆。男人沒有助手也能發動車子，但力氣較弱的女人在啟動馬達發明之前，無法獨自開車。

可啟動、可鎖門的啟動鑰匙

啟動鑰匙不僅是啟動汽車，也能發揮鑰匙的作用。要開車門時，只要將啟動鑰匙插入車門把的鑰匙孔，車門就會打開。不時可見駕駛將鑰匙放在車內就把門鎖上的狼狽樣，不過，近來已經很難看到這樣的情景，因為車門開關是由按壓掛在鑰匙圈上的按鈕來操作。最近推出的智慧鑰匙已無尖頭的車鑰匙，只有按鈕。智慧鑰匙設置在車內的任何地方，只要按下按鈕就能發動，所以根本不需要傳統的鑰匙。現在也有愈來愈多能展現汽車公司風格的智慧鑰匙。

以指針和數字
表示速度的儀錶板

汽車不能無限制地快速行駛。汽車是機械,行駛過快容易故障。此外,車速快的話,發生事故時造成的傷害會更嚴重,快速行駛下也不易控制。就好比在操場上跑步時,快速奔跑就很難控制身體動作一樣。配合汽車最適當的行駛速度,道路也設有速限。

🔵 告知車子的狀況

儀錶板上有車速錶,用以告知汽車正以什麼速度行駛。車速錶就放在駕駛看得最清楚的位置。儀錶板位在方向盤後面,駕駛視線直接接觸的部分。

速度以「時速」為基準。時速指的是一小時能夠行駛的距離。時速70公里,意思是一小時可行駛70公里。儀錶板上寫的數字,從0開始,通常以10為單位,基本上會充分寫到250左右。跑車之類的快車時速可能會超過300公里,這類車則會標示到超過300的數字。

🔲 類比和數位儀錶板

儀錶板分為兩種。一種是類比方式，圓圈上像手錶一樣寫著數字，指針指向速度；一種是數位方式，像電子錶一樣以數字表示。計算速度的原理相同，但表達方法不一樣。

兩種儀錶板各有優缺點。類比方式連續呈現速度變化，但難以掌握精確的瞬間速度。數位方式雖以數字精確表達，但速度的升降趨勢不如類比方式自然。最近，有的用法是結合兩種方式。儀錶板整體做得像電腦螢幕一樣，可以自由轉換儀錶板的外觀。

🔲 速度計算的祕密在車輪

車輪轉一圈，車子會向前與車輪周長相等的距離。這裡使用計算引擎轉速和變速箱齒輪比的求速度公式，並將計算出來的值以儀錶板指針來標示。由於這是用理論公式求得的值，所以與實際行駛速度會有差異。有時，汽車公司會故意讓儀錶板標示的速度低於實際速度。因為實際速度比標示速度慢，更有助於安全。若想知道實際速度，可以使用GPS。

**比儀錶板速度更精確的
GPS測定**

GPS是利用升至太空的衛星來定位汽車的裝置。汽車配備的導航系統利用GPS來指引道路。GPS測定的速度比儀錶板的速度更精確，導航系統上標示的速度，可視為實際行駛的速度。大部分儀錶板顯示的速度比導航系統的速度慢。

汽車儀錶板的警示燈標示範例

🚗 安全帶警示燈：未繫安全帶時

🛢 機油壓力警示燈：機油不足或機油壓力過低時

🅿 剎車警示燈：停車剎車時和剎車油不足時

🔋 電池充電警示燈：電池放電或充電裝置發生故障

⛽ 燃料警示燈：一般燃料剩下5至10公升左右時

為什麼汽車可以從同一風口吹出冷風和熱風？

汽車空間狹小密閉，溫度變化大。盛夏熱得讓人受不了，冬天又凍寒。因此，為了維持內部溫度，汽車必須具備冷氣和暖氣。

車內溫度變化急劇

　　汽車的空間狹小，車內的溫度變化比我們所想的還要大。在溫暖的春天，戶外氣溫合宜，陽光和煦，非常舒適宜人。但在陽光照射的車內會很熱，感覺有如炎熱的夏天。這是因為車內空間狹小，溫度變化急劇所致。

　　汽車必須具備冷氣和暖氣。夏天沒有冷氣的話，要開車出門會有困難。反之，如果冬天沒有暖氣，也很難待在車內。汽車車內同時設有冷氣和暖氣，暖氣會吹送熱風讓人不覺得冷。

🚗 冷氣和暖氣在同一處調節

汽車的冷氣和暖氣在同一處調節。要如何讓熱風和冷風從同一風口吹出來？這是因為冷氣和暖氣共用吹風裝置。汽車有像電風扇葉片的風機裝置。在冷氣和暖氣中變冷或變熱的空氣會移動到排風裝置，所以冷風和熱風看似在同一處形成。汽車冷氣與家中使用的冷氣原理相似，可調降空氣溫度，相當於車內裝了一台小冷氣。

暖氣沒有什麼特殊裝置，是利用引擎的熱力提升空氣溫度。引擎內部燃燒室的溫度高達攝氏2000度。引擎熱力若未予冷卻，引擎無法正常運轉。冷卻引擎的方法是讓水在引擎周圍流動，這種水稱為冷卻水，冷卻引擎的冷卻水溫度維持在攝氏80至90度。暖氣是利用冷卻水的熱力使空氣變暖。

🚗 不同於暖氣，冷氣利用引擎的動力

暖氣利用引擎產生的餘熱，所以不會對引擎產生任何影響。冷氣則不同，製造冷風必須運轉冷氣裝置。家中的冷氣是用電力運作，所以夏天多開冷氣的話電費會大增。

汽車冷氣利用引擎的動力。按下冷氣開關，連至引擎的冷氣裝置會借用引擎的動力。開冷氣的話引擎就必須多做工，油耗也增加。

電動車沒有引擎，冷氣和暖氣都是使用電池的電力。因此夏天開冷氣或冬天開暖氣的話，會導致可行駛距離減少。

汽車喇叭聲
的祕密

人人都有走路時被汽車喇叭聲嚇到的經驗。喇叭聲主要用於汽車無法藉由車燈來表達意思時。在車多的地方，汽車的喇叭聲會令人備感壓力。大家只要好好遵守規則，喇叭聲就能減少。

汽車藉由燈光和聲音來溝通

雖然汽車是機械，但因為會在道路上與其他車子一起行駛，經過巷弄時會遇到人，所以必須能夠與周圍的人事物溝通。大致上，汽車以三種方法進行溝通。

汽車頭燈分為近光燈和遠光燈。近光燈是一般燈光，遠光燈可以照得遠一點。比起近光燈，遠光燈來得更亮、更刺眼。除了夜間照遠外，遠光燈還有短暫閃爍的功能，用以提醒或警告前方車輛或迎面駛來的車輛。在國外，禮讓時也會閃燈表示感謝。

打開危險警告燈的話，兩側方向燈會持續閃爍。當汽車臨時處於危險或發生故

障時，就需要打開危險警告燈。在韓國，有時也用來表示對禮讓的感謝。若是用燈光溝通的方法行不通的情況，就要按喇叭來傳達意思。

喇叭的用途五花八門

交通號誌轉換了，但前方車輛還不出發時；有人擅自穿越馬路時；旁邊的車子看不到死角打算插隊時，這些情況都會按喇叭。在蜿蜒山路上，為了告知自身的存在，有時也會按喇叭。在對面來車看不見的地方，告知有車在此，提醒小心。

喇叭聲音大的理由

發出聲音的裝置位在引擎蓋內。一般在車內按方向盤中間的部分，就會發出「叭～」的聲響。因為必須讓密閉的車內也能聽到，所以聲音很大。

在數千至數萬輛汽車來往的道路上，如果有大量的喇叭聲就是一種噪音公害。在市中心錯縱複雜的道路上經常聽到喇叭聲也會令人備感壓力。即使是非市區的安靜道路，吵雜的喇叭聲仍會對居民或動物造成重大損害。有些城市甚至禁止按喇叭。韓國也有法規規定，無正當理由繼續按喇叭會罰款。台灣則是規定按喇叭以單響為原則，不得連續按鳴三次，每次時間不得超過半秒鐘，如果不是非常危急的情況，不應使用喇叭。

Klaxon 不是正式名稱

在韓國，按喇叭常以「按Klaxon」來表示，但此為錯誤說法。喇叭的英文是「horn」，而Klaxon是因為法國汽車零配件公司Klaxon的產品有名，才有此稱呼。

汽車的心臟
——引擎

汽車自己不會動，必須從某處獲得轉動輪胎的動力。這個產
生動力的部分就稱為引擎。引擎是燃燒油料，再將釋放出來
的能量轉換成車子動力的機關。也就是說，汽車是由引擎將
熱能轉換成動能。

🌑 汽車的心臟——引擎

　　引擎內部產生動力的部分，稱為汽缸（cylinder）。汽缸裡放入燃料和空氣，引
燃起爆，推動活塞，引擎就會運轉。汽缸多的話，由多處產生動力，引擎輸出的力
量更強大。

　　汽缸數愈多，車子愈有力。我們根據汽缸的數量稱呼「○缸引擎」。汽車引擎通
常使用3至12個汽缸。三缸引擎用於小型車。摩托車大多有1至2個汽缸。大型船看
似汽缸很多，但實際上與汽車差不多。

🚗 汽缸數愈多，動力愈強

車身較小的小型車，主要配備三缸引擎。我們周遭行駛的汽車，大多數都使用有4個汽缸的四缸引擎。大型車、昂貴名車、需要強大動力的跑車則使用大型引擎。大型引擎主要是6缸或8缸。也有12缸引擎，但由於引擎十分巨大，僅限於用在少數的超大型高級車，主要目的是彰顯製造技術與實力。最近，有的車會使用增壓器裝置，使引擎吸入更多空氣，規格不擴增也能產生高度動力。

引擎只要裝得進車內，不管多大都沒關係。凱迪拉克公司早在1930年代就已銷售配備16缸引擎的轎車；也曾在2000年代打造名為「Sixteen」的概念車，數字sixteen意指16汽缸。原本凱迪拉克打算反應良好就真的推出販售，但最終未能成案。16缸引擎的動力雖佳，但十分耗油，難以實際上路。

布加迪有製造內裝16缸引擎的車款。引擎的動力破1000匹馬力，最高時速也超過400公里。

排氣量顯示在車款名上

每台引擎的汽缸大小各異。引擎規格使用排氣量一詞來表示，排氣量指的是汽缸內部空間大小總和的體積。四缸2.0升（或2000cc）的引擎，意即1個汽缸的體積為0.5升。排氣量加大，引擎動力也會增強。大型車的汽缸數多，但排氣量也大。

有時，汽車會將顯示排氣量的數字附在車款名後面。福斯汽車製的Golf 2.0 TDI，意指排氣量為2.0升。法拉利296 GTB的29，指的是排氣量2.9升。有的車甚至將V8、V12等汽缸數加在車型名上，用以區分同一車款的不同引擎，或者以此來彰顯自家的大型引擎。

🌐 依外觀不同，名稱也不一樣

　　汽缸依外觀不同，名稱也不一樣。一般是排成一列，這類引擎稱為「直列」引擎（straight engine）。汽缸數變多，就無法全部排成一排。因此，超過6缸的話會分成兩半，以V字型對臥放置。此時稱為V6、V8。不過，6缸中也有排成一排的直列引擎。德國的BMW只採直列方式使用六缸引擎。與V6引擎相比，引擎的動作較柔和。

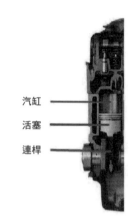

汽缸

活塞

連桿

　　汽缸也會以水平對臥的方式製作，稱為水平對臥引擎（flat engine）或拳擊手引擎（boxer engine）。因為移動方式像拳擊選手面對面來回出拳的模樣，故得此名。以跑車聞名的保時捷是使用拳擊手引擎的代表性公司。

水平對臥引擎

凱迪拉克Sixteen

布加迪Chiron

占滿前圍板的賓士EQS顯示器

汽車也能像智慧型手機一樣操作嗎？

現今汽車內建豐富的尖端功能，只有按鈕無法使所有的功能運作。現在為方便操作眾多功能，設置了類似智慧型手機或平板電腦的螢幕，觸控後進入功能表就可以執行功能。

本田e

匯集功能至巨大螢幕上

汽車通常在前圍板中央配備一個螢幕，即顯示導航系統或調控音樂功能的螢幕。其他功能一般都是以按鈕來啟動作業。隨著汽車功能增多，單憑按鈕難以解決。必須傳達的資訊也變多了，小型螢幕已無法勝任。汽車公司想到匯集功能至巨大螢幕上的靈感，遂在車內設置巨大螢幕，像使用智慧型手機或平板電腦時一樣，觸控螢幕就能啟動車內功能作業。

增加螢幕的數量

電動車公司特斯拉（Tesla）主導了螢幕的流行。2012年推出的Model S在中控

台上設有17吋（43.2公分）螢幕。車子幾乎沒有按鈕，大部分的功能是透過螢幕調控。連儀錶板也由12.3吋（31.2公分）的螢幕構成。後來，巨大螢幕成為流行，螢幕愈大愈多就愈高級的概念擴散後，汽車公司爭相擴大螢幕尺寸和增加螢幕數量。

賓士推出的電動車EQS中，前圍板和中控台全部被螢幕占滿。號稱為超寬幅螢幕（hyperscreen）的EQS螢幕尺寸為1.4公尺。奧迪電動車Q8 e-tron配備5個螢幕，由儀錶板、2個中央螢幕、2個取代後視鏡顯示車外的螢幕組成。原本只在高級車上配備的大型螢幕，現在也廣泛普及到一般汽車上，成為基本裝備。

增加的螢幕也與自動駕駛汽車的發展有關。自動駕駛汽車的時代到來的話，人可以不必駕駛，讓在車內度過的時間變得更重要。如果螢幕大且數量多，在車內就能享受更多的內容和功能。

🔧 無線升級技術

使用智慧型手機，經常會有需要升級操作系統的時候。智慧型手機製造商以新增功能或改善性能為目的進行升級。只要按一個按鈕，就可以簡單以無線方式進行升級。現在，汽車也透過無線升級來改善功能。隨著電子設備增多，汽車的各種功能皆以軟體控制。導航系統、電子控制裝置、駕駛員輔助系統等，透過升級軟體來提升功能。因此不用特意買新車，也能擁有最新車款的效果。

前圍板

前圍板（dash board）指駕駛座和副駕駛座前方分隔引擎室和乘客空間的部分。一般是T字型，設有儀錶板、安全氣囊、音響系統、冷氣送風口等各種裝置。原本前圍板的設置，源於保護馬車上的馬伕，避免馬蹄濺起的泥土或石頭傷到馬伕。初期，汽車前圍板的作用是將發熱引擎與室內分開的隔牆。後來，隨著各種裝置出現，發展成現今的前圍板。

中控台

中控台（center fascia）是前圍板的一部分。「fascia」為前圍板的同義語，「center」意指中間。這是指在前圍板的「T」字型中，介於駕駛座和副駕駛座之間的「I」型部分，隨著構造不同，有時區分並不明確。此處設有變速箱排檔桿、顯示器和各種按鈕。

賓士EQS

也有能以1公升燃料跑100公里的汽車

汽車以燃燒油料產生的能量來行駛。以原油加工製成的油料不是無限的資源，因此汽車公司一直在努力製作出燃油效率高的車子。總有一天，人人都能輕鬆乘坐以1公升燃料就可跑100公里的汽車。

福斯XL1

燃油效率是每公升可以行駛的距離

　　汽車使用燃料能夠行駛多少距離的數值，稱為燃油效率。燃油效率表示1公升燃料可以跑多少公里，以符號標示為公里／公升（km/L）。若能以少量燃料行駛遠距離當然是最好，但實際上並非如此。1公升燃料能跑的距離通常在10至20公里左右，如果車體重或開快車會更加耗油。大車或跑車的車體重或車速快，所以燃油效率低，這與我們跑得快時會更累的原理類似。甚至在大車或跑車中，有的車子1公升燃料只能行駛3公里左右。

福斯汽車的無限挑戰

德國的福斯汽車公司努力製作出可以用3公升燃料跑100公里的車子。1公升可行駛33.3公里是燃油效率極佳的車子，福斯製造的部分車子實現了此燃油效率。福斯又制定比這更高的目標，製作出1公升跑100公里的車子。該車在2002年問世，但不是為了銷售而製造，而是為了實驗燃油效率而特製。

福斯在2013年推出1公升可跑111公里的XL1車款。實際上，這雖是為了銷售而製，但不是任何人都能輕易購買的車子。車子的價格昂貴，據說超過新台幣450萬元，採用提高燃油效率的特殊構造，不適合一般日常用途。

柴油車和混合動力車的燃油效率高

豐田製造的混合動力車Prius車款1公升行駛20.9公里。起亞（KIA）Niro混合動力車的燃油效率也是1公升20.8公里。現代Sonata混合動力車與汽油車的燃油效率各為1公升20公里和13公里左右。由此便可看出混合動力車的燃油效率有多高了對吧？

油料燃燒後會轉換成能量，但不是100%全用作能量，化為熱量散去等浪費之處很多。汽油100%之中，只有25%用作能源，剩下的75%廢棄；柴油為35%左右，比汽油高。因此，柴油的燃油效率較高。

混合動力車行駛時，引擎不用持續運轉。由於配備電動馬達，在行駛過程中是由電動馬達替代引擎驅動。行駛時引擎休息的時間較多，所以燃油效率提高。

現代Sonata混合動力車

好萊塢演員們喜愛的Prius

對環境問題敏感的知名人士喜歡開環保車。特別是好萊塢演員們想獲得顧慮環境的形象而偏好環保車。Prius剛推出時，強調的不只是高燃油效率，還有「環保」的形象。代表性的好萊塢演員李奧納多·狄卡皮歐、茱莉亞·羅勃茲、潔西卡·艾芭、卡麥蓉·狄亞茲、艾瑪·華森、奧蘭多·布魯等眾多演員都選擇Prius。

充一次電
能行駛1000公里

若要隨身攜帶使用智慧型手機等電子產品就必須充電。即使充電充滿，電量用完就無法使用，所以得時時注意電力剩下多少；同樣地，電動車也要充電才能行駛。電動車的重點要素是充一次電的行駛距離，並以此來判斷性能。

賓士Vision EQXX

充電中的電動車

🚗 電動車充一次電的行駛距離很重要

引擎驅動車要到加油站加油，而電動車則是去充電站充電。加油只需要2至3分鐘，但充電至少要花20至30分鐘；按照充電方式不同，也有要耗上數小時的情形。經常充電是很麻煩的事。緊急移動時，若為充電而耽誤時間，可能會把重要的事情搞砸。充電站堵車的話，也得等上好一陣子。如果充一次電的行駛距離長，充電的次數便會相應減少，如此一來便能同時解決充電和行駛距離的問題。

行駛距離意指汽車能跑的距離。電動車在電池完全充電後，直到電力耗盡為止能跑的距離，以「續航里程」來表示。製造電動車的公司致力於拉長充一次電的行

駛距離。最簡單的方法是擴增電池容量，如果放入大型電池，雖然行駛距離會相應拉長，但會使車體重量變重，效率下降，充電時間也會延長。空氣阻力減少也能拉長行駛距離。車子受到的阻力愈小，愈容易前進。因此，電動車的車身大多是減少空氣阻力的光滑流線型。

一般電動車通常充一次電的行駛距離為300至400公里

行駛距離較長的車子可以跑到500至600公里。行駛距離極佳的車子則上達800公里左右。眾家汽車公司力求使行駛距離突破1000公里。賓士推出的Vision EQXX概念車充一次電可行駛1000公里以上。該車的車體設計可減少空氣阻力、重量輕，又結合了提升效率的技術。EQXX成功從德國辛德爾芬根（Sindelfingen）開到法國卡西（Cassis），總行駛區間為1000公里。行駛結束後，電力還留有15%。

電動車在夏天和冬天的可行駛距離不同

在寒冷冬天，電動車可行駛的距離會減少。電池內產生電力的物質移動遲緩，導致性能下降。暖氣使用增加的話也會耗用能量，所以電池效率變得更低。冬天的行駛距離會減少20至30%左右。作為解決對策，眾汽車公司正在推出利用汽車發出的熱力供暖或提高電池溫度的裝備。

電池只充電80%的理由

當電池充電量超過80%時，充電速度會變慢，這是因為電池內的物質反應減緩，導致充電速度變慢。充電超過80%，電流大量供應可能對電池造成損傷。試想我們吃飯的時候，據說適當的飯量是吃七分至八分飽，如果吃到覺得肚子鼓鼓的對胃腸造成負擔，很容易會消化不良。如果吃七分至八分飽左右，胃腸運動和消化激素或消化酶的分泌變得活躍，消化更順暢。可迅速充電的快速充電器在充電時，只會充到電池容量的80%，或者超過80%時速度會調慢。

電動車插座

玻璃製車頂
夠堅固嗎？

全景天窗

為了安全起見，可擋陽光和雨水的車頂不可或缺。有的車子做成車頂可以開關，減少壓抑和煩悶感。近來甚至乾脆用玻璃打造車頂，讓人可以從車內看到開闊的天空。

用玻璃打造車頂的天窗

汽車一定要有車頂。但車頂讓上方封閉，雖然安定舒適但有點悶。車頂有其必要，只是最大的缺點為視野遭到遮蔽。因此，汽車公司打造出可以掀開的車頂。

所謂的敞篷車（convertible）就是車頂可以開關。然而，製作摺疊式車頂的構造相當困難，占空間又會讓費用高漲。由於不是日常生活中尋常乘坐的車款，所以銷量不多。

有的汽車公司考慮到車頂使人無法獲得開闊的視野，遂用玻璃打造一部分的車頂。平時用遮陽擋蓋住，想看天空時就打開遮陽擋。連玻璃也打開的話還可以達到無車頂的效果。能看天空又通風，玻璃的效果卓著。像這樣掛在車頂的玻璃，稱為天窗（sunroof），意即「看得見太陽的車頂」。國外有的說法是看得見月亮，所以又稱為月窗（moonroof）。

車頂全是玻璃的全景天窗

以前，天窗只占車頂的三分之一左右。最近，愈來愈多的車子乾脆用玻璃覆蓋車頂的大部分。這種玻璃天窗稱為「全景天窗（panoramic roof）」，全景意指連續不斷變動的景象。車頂的大部分是玻璃，所以視野開闊。這類玻璃車頂製作不易，而且發生事故時可能很危險。因此，製作要符合安全規定，即使翻車或有物體掉落車頂，導致玻璃碎裂，也要避免玻璃碎片飛濺，使人受傷。

沒有車頂的敞篷車

沒有車頂的汽車，稱為敞篷車。英文是用convertible原意為「可轉換的」。敞篷車可以開關車頂，用布材質製作的車頂稱為軟頂（softtop）；而使用塑膠或鐵等堅硬材質的車頂，稱為硬頂（hardtop）。

可以變換玻璃車頂的顏色

全景天窗也會在平時用遮陽擋蓋住，避免陽光照入。最近則有完全不用遮陽擋的全景天窗問世，當陽光照射時，玻璃調成不透明讓光線無法通過；想曬太陽時，再把玻璃調透明就好，只要按一個按鈕，簡簡單單就能轉換。玻璃上也可以劃分區域，只讓光線照進來一部分。可調整透明度的天窗是使用液晶材質，當玻璃通電，液晶分子整齊排列就會變得透明；不通電時，液晶分子不規則散布，轉變成光線無法通過的不透明狀態。

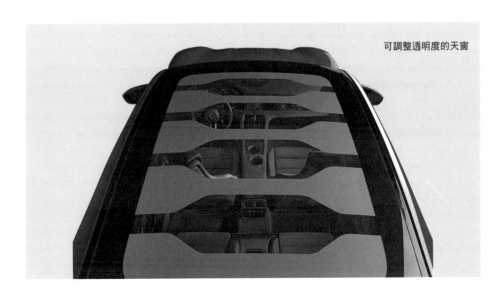

可調整透明度的天窗

汽車燈光的
各種作用

汽車有各式各樣的燈光。除了天暗照亮車內的室內燈，還有
照亮汽車前行路的頭燈、告知汽車位置的尾燈、告知行車動
向的方向燈等。現在一起來認識各種汽車燈光。

畫行燈
頭燈

方向燈

🚗 各種汽車燈光

汽車配備前照燈，又稱頭燈。夜晚時，開前照燈才能看清前方。前照燈分為遠
光燈和近光燈。兩者一起裝設在前照燈內，從外觀不易區分。

平時開的是近光燈。近光燈往汽車前面下方照光，以便了解道路狀況，但照明
距離不遠。

遠光燈可以照得更遠。雖然可讓人看得更遠，但對向來車的駕駛員會迎面照到
光。對向駕駛員感到刺眼，就無法好好開車。遠光燈只能在前方無車時使用。如果
在沒有路燈的鄉間小路上開遠光燈，遇上對向來車時，暫時改用近光燈也是必要的
開車禮儀。

遠光燈也有傳達信號的用途。遠光燈非常亮，只要閃一下就能警告前方車輛。

遠光燈只在沒有路燈或告知緊急情況時才使用。新聞中，遠光燈導致看不清前方而發生交通事故，或以開遠光燈為由而起爭執大吵大鬧的消息也時有所聞。

遠光燈和近光燈需要駕駛員切換操作。最近也有自動調整遠光燈和近光燈的車，根據前方有無車輛來切換燈照之處。

白天也開燈

前照燈在白天行駛時也開著。前照燈除了用於照亮前方，還可以告知自己的位置。晚上不開前照燈會讓其他車看不清楚。如果白天也開燈，可以明確知道車子的位置，有助安全駕駛。歐洲常有陰天，乾脆讓車子在白天也開著燈。

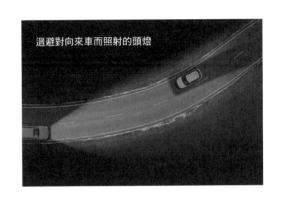

迴避對向來車而照射的頭燈

現在另有晝行燈取代前照燈，可以一整天開燈行駛。尤其近來流行將晝行燈做得非常帥氣。

車上有各式各樣的燈

霧燈在起霧時開啟，前方可以看得更清楚。歐洲車特別在後面也配備霧燈，目的是方便後方來車辨別前方車輛。

彎道燈另外照亮車子左右轉時的轉彎方向。光是以直線前進的方式傳播，所以車子轉彎時會出現燈光照不到的部分。彎道燈只在車子轉彎時開啟照亮彎處。通常，霧燈也有彎道燈的作用。

一閃一閃的方向燈

方向燈前後都是黃色的。在美國，有時後面的方向燈是紅色的。在右、左方向燈同時閃爍的情況，這時稱為警示燈。車內另有開關，在危急情況或必須突然停車時開啟。

在韓國，多次閃爍警示燈也有向讓路車輛表達感謝的意思。主要在變換車道後，與後方車輛拉開距離時閃燈。有些國家會以閃一下遠光燈的方式致謝，反之，韓國閃爍遠光燈時，則被理解為不悅或警告之意。

方便安全的
輕型車

日本是輕型車的天堂，要有停車位才能買車。韓國雖然土地狹小，但限制少，而且人們偏好大車，所以輕型車較少人青睞。不過，開輕型車有許多好處。

起亞Ray

700 레 2520

本田N-ONE

日產Dayz

🚗 車子的大小和性能

汽車的大小有很多種。有只容一人乘坐的汽車，也有數十人乘坐的巴士，差別甚大。我們乘坐的轎車通常為五人座的結構。車子的大小必須配合道路寬度或停車場大小等周邊環境。此外，車子的大小也與性能或燃油效率有關。車子大，車身就會重，車身重就不好跑，若要跑得快，必須裝設更強大有力的引擎。車身重也會較耗油。

🚗 駕乘小巧輕型車的好處

輕型車顧名思義，意指重量輕，可視為五人座車中最小的車型。輕型車體積小，在狹窄巷弄也能輕易駕駛。由於車子輕便小巧，耗油也少，十分經濟。車價也算便宜，輕型車的價格一般在新台幣40萬元左右，相較於起價7、80萬元以上的中型車，價格低廉許多。輕型車要繳的稅金也少。輕型車大量銷售，才能節約油料，在某種程度上緩解道路擁塞，因此，為鼓勵購買輕型車，有些政府會特別給予補助之外，公營停車場或高速公路通行費亦有50%的折扣等，優惠良多。

🚗 輕型車的規格

輕型車有其規格。在韓國，長度不可超過3.6公尺，引擎必須在1000 cc以下。由於引擎小，輕型車的動力偏弱，日常駕駛時不會令人感到不便，但突然加速或快速行駛時，車子會顯得無力。

有人認為輕型車小，不安全，但事實並非如此。輕型車也適用與一般汽車相同的安全規定，必須全部通過安全標準，所以能確保基本安全。

🚗 輕型車在韓國不受歡迎

韓國地狹車多，是必須增加小車、大量銷售輕型車的國家。但韓國人民喜愛大車，輕型車不暢銷，汽車公司也不多製造輕型車。韓國輕型車只有現代Casper、起亞Morning和Ray三款。

汽車與聲音

汽車會發出多種聲音，如刺耳的喇叭聲、引擎運轉時的零件運作聲、引擎中產生煙氣逸出的聲音等。輪胎碰到路面時也會發出聲音，車子高速行駛，空氣迎面而來，碰撞的聲音也很大。不過，電動車不會有引擎聲。

現代IONIQ 6

福斯 ID.Buzz

🚗 汽車喇叭聲是噪音

　　令人不愉快的吵嘈聲，稱為噪音。有時根據聽者的心理狀態或環境來決定是聲音或噪音。

　　掛鐘聲為30分貝，給人一種舒適的感覺。冰箱的聲音是40分貝。一般人聲是65分貝，達到妨礙專注的程度。70分貝的電話鈴聲會刺激神經，路邊持續的噪音可能會損害聽力。研究結果顯示，汽車喇叭100分貝的聲量可使人尿量增加，產生聽覺障礙。不過，汽車的聲音非常重要，可從發出聲音的程度和位置得知汽車是否有異常。

🚗 汽車的降噪技術

　　車上發出的聲音，可以分為好聽和難聽的聲音，難聽的聲音稱為噪音。嘎吱嘎吱聲等雜音都是噪音，風聲太大也會讓人覺得煩躁。引擎聲音太大也會讓聽力受損。不過，也有人喜歡引擎聲。例如跑車之類的車子會故意放大引擎聲。

　　汽車開發是與噪音博鬥的工作。為了讓乘車環境盡可能安靜，車子的各個角落都貼上吸音材料。就像練音樂的人，為了不讓聲音洩出而在隔音室練習一樣，車子製成如同一間隔音室。昂貴豪車大量使用隔音材料，所以比一般車更安靜。噪音也可以用噪音來消除。聲音是一種波動，如果發射反向波動使兩者相互抵銷，藉此減低噪音。這種技術稱為降噪（noise cancelling），自早使用在頭戴式耳機或耳機上。安靜未必等於技術好，有時會故意做得讓人聽見引擎聲，有些會將聲音改得更悅耳。

> **電動車是故意製造聲音**
>
> 消除汽車噪音雖好，但電動車行駛時太安靜，所以反而故意製造聲音。因為在人們行走的巷弄或停車場等地方，如果車子無聲移動會造成行人危險。車子為了打造動態氛圍，有時會故意安裝放大引擎聲的裝置。有時，揚聲器會發出故意製作的引擎聲，讓人感覺彷彿車子的性能比原本強。

🚗 混合動力車和電動車聽不見任何聲音的原因

　　混合動力車和電動車在車內裝有電動馬達。電動馬達運轉時，發出高音「嗡嗡」聲，類似以電力運行的地鐵在行駛時發出的聲音。混合動力車的引擎與電動馬達位於同一處，可聽到引擎聲和電動馬達聲隨時輪替。電動車只有電動馬達，根本聽不到引擎聲。

　　一般車子即使停下來，若不熄火，引擎會持續運轉，而且聽得到聲音。電動車或混合動力車停下來的話，引擎或馬達會關閉，猶如車子熄火後靜止不動時一樣，什麼聲音也聽不到。最近為了省油，車子停下來時引擎會自動停止，出發時再重新啟動。熄火期間，車內任何聲音都聽不到。

配備雷達的汽車
可以自動調整距離

就算不是自動駕駛車，近年的車子已經加入各種便利駕駛的功能。在雷達的輔助下，汽車得以一定速度行駛，雷達也能給予危險警告，辛苦又困難的駕駛工作變得更加方便。

Genesis GV80

🔵 自動駕駛的汽車正在開發中

開車是一件困難又辛苦的工作。路上有無數車輛同行，處處可見交通號誌；巷弄或社區內的道路等處來往行人眾多——開車的時候，總是必須繃緊神經，察看四周。高速駕駛時，更要注意別發生事故，得根據情況快速做出判斷。就像長時間坐在椅子上會腰疼、身體痠痛一樣，長時間坐在車內開車會感到疲憊且辛苦。舒適開車的最佳方法就是自動駕駛。

🔵 定速行駛裝置——定速巡航系統

即使不是自動駕駛汽車，也可享有方便駕駛的功能。定速巡航系統（cruise

control）是調定速度後，即使不踩油門，汽車也會定速自動行駛的裝置。高速公路之類的地方沒有紅綠燈，只要不塞車就會持續行駛，而腳踩油門踏板上數小時是很累人的。若是有了定速巡航系統，腳會舒適得多。像美國如此幅員廣闊的國家，許多高速公路綿延數百至數千公里，定速巡航系統著實能發揮功用。

定速巡航系統再進一步發展，最近還可以調整與前車的距離。若是接近前車，車速會自動減緩，所以乘車行駛更安全。有的會在前車停下時一起停下，在前車出發時一起移動。駕駛員甚至不需要踩剎車踏板。只要握好方向盤，就能自動到達目的地。另外也有利用導航系統資訊的定速巡航系統，利用地圖資訊，在彎道上提前減速，或者按照道路速限行駛。

先進駕駛輔助系統

先進駕駛輔助系統（ADAS, Advanced Driver Assistance System）是輔助駕駛員安全舒適行駛的功能。保持與前車距離和速度的定速巡航系統也是一種先進駕駛輔助系統。先進駕駛輔助系統有多種功能，例如維持車線、前方出現障礙物時防止碰撞、倒車時警告別與後方行經車輛相撞、變換車道時警告視覺死角有無其他車輛等，有助於更為安全舒適的駕駛。

靈活運用感知周遭的雷達

這類功能是以雷達為基礎而運作。大家應該在電影或新聞中曾經看過，在控制塔或空軍總部，被拍到圓形畫面中的飛機飛行位置，如同點一般的閃爍。汽車也使用雷達來定位前車和計算距離。

現在，汽車配備各種先進駕駛輔助系統。單憑雷達是不夠的，所以還使用光學雷達（LiDAR）、攝影機、紅外線等多種感測器。感測器能發揮多種作用，有的會感知車內駕駛員的狀態，發出休息後再開車的警告。

汽車變成
大型遊戲機

虛擬實境和擴增實境略有不同。擴增實境將虛擬結合至現實，而虛擬實境是電腦創造的想像世界。體驗虛擬實境時，必須配戴特製眼鏡。汽車善加運用虛擬實境和擴增實境兩門技術，取得更進一步的發展。

擴增實境導航系統

奧迪Q4 e-tron

浮空顯示儀錶板資訊，用以輔助駕駛的擴增實境 HUD 抬頭顯示器

　　玩《精靈寶可夢GO》遊戲時，透過智慧型手機相機，可在現實世界看見精靈寶可夢的角色。這類將虛擬影像增添至現實，再加以顯示的技術，稱為「擴增實境」。即使不是遊戲，也可以應用在告知實用資訊，例如照到街道就會顯示商店的位置或說明。

　　HUD抬頭顯示器是一種虛擬儀錶板。它不是儀錶板螢幕，而是在駕駛人視線停留的浮空顯示儀錶板資訊。駕駛在開車時，視線不需要移到儀錶板上，更有助於安全駕駛。最近，HUD抬頭顯示器也引入擴增實境。不同於過去單純只浮現幾種資

訊，現在會按照地形地物放大顯示資訊。要左轉時，沿著道路會出現巨大箭頭；偏離車道的話，沿著車線會有紅線閃爍，做出警告。比起一般的HUD抬頭顯示器，確認資訊更加容易且精確。

扮演汽車說明書角色的擴增實境

用智慧型手機或平板電腦觀看汽車，就會出現各個部位的說明。有時在經銷門市，展示車無法以肉眼看見的部分也可用擴增實境顯示。展示場內沒有的車子，也可用擴增實境來介紹。越野車行駛時，常有車子傾斜擋住視線的情形，此時也可利用擴增實境，將偏離視野部分的地形以虛擬方式顯示。車子維修時，可先以擴增實境掌握要更換的零配件種類和位置再開始作業。

運用在汽車開發的虛擬實境

利用虛擬實境設計汽車，不用製作實物模型還可以盡情修改。碰撞或行駛測試也不使用實際車輛，而是以虛擬方式進行。工廠培訓新進員工時，利用虛擬實境可反覆進行正確教育，直到得以預防和熟悉安全事故，維修教育同理。購買汽車時，利用虛擬實境可確認顏色或選配，以及進入車內啟動功能或試駕車。

車內也可用虛擬實境來玩遊戲

奧迪展示了利用虛擬實境，在車內玩遊戲或看電影等功能。這種功能會與行駛中的汽車移動相互聯動，例如在虛擬世界乘坐太空船的情況，汽車加速或轉向時，太空船同樣也會加速和旋轉。此功能在自動駕駛汽車問世時會更實用。在自動駕駛汽車的車內，無需親自駕駛，所以車內的娛樂變得更加重要。利用虛擬實境，車內可以進行遊戲等多樣活動。

車內的虛擬實境娛樂

利用廢網製造
汽車零配件

全世界致力於減少碳排放。碳具有提高地球溫度的效果，導致地球環境異常。不僅整個產業領域，家庭也在努力減少碳排放。汽車企業也積極投入減少碳足跡。

BMW電動車iX

🚗 挑戰零碳排放的汽車公司

　　汽車一度被認為是環境汙染的主犯，因為汽車行駛時，排放的廢氣和二氧化碳會汙染環境。各國嚴格執行汽車廢氣排放規定，引導減少汙染物質排放。混合動力車或電動車等汙染物質排放量少或零排放的汽車日益增加，此現象也與環保意識有關。柴油車燃油效率佳、動力強，一度頗受歡迎，但它在減少汙染物質上有其限制，所以市場有逐漸減少的趨勢。

　　碳以二氧化碳的型態排放。汽車公司不僅企圖減少汽車排放的二氧化碳，還要減少工廠產生的二氧化碳，於是訂定零碳排放的目標，持續改造工廠和改變汽車生產過程。

🌿 汽車公司回收利用的廢棄物五花八門

汽車公司的另一項環保活動是廢棄物回收利用，利用從垃圾中提取的原料製造零配件。這樣就不必非得使用新原料，回收利用垃圾也可以減少環境汙染。如此一來，無需生產新原料，從而達到節能減碳的效果。回收利用的廢棄物五花八門，如活用海邊用剩的廢網或繩索、從寶特瓶中提取的纖維、葡萄酒瓶用過的軟木塞、服裝企業用剩的布片等。

🌿 不使用天然皮革材料，有助於減少環境汙染

汽車以創造高級氛圍為目的，車內經常使用皮革。高級車以天然皮革為優點。使用皮革材料會產生二氧化碳，80％產生於飼養家畜的過程，其餘20％產生於大量使用水與能源的牛皮加工過程。隨著環保開始益受重視，皮革材料也發生變化。使用天然物質製作的織物或使用對人體無害的材料比重提高，用人造皮革取代動物皮革的汽車也愈來愈多。

碳足跡

碳足跡可謂是使用碳的痕跡，碳留在地球上的足跡，就像人類或動物走遠會出現許多腳印一樣，碳排放多也會留下許多碳足跡。碳足跡少，對環境的影響較小。要使用什麼樣的產品、如何活動會減少環境汙染，看碳足跡就能知道。碳足跡是指人們或團體在展開的各種活動中製造、使用、丟棄商品等產生的二氧化碳量，以數值顯示。標記方式為重量單位公斤（kg），或是所需種植的樹木棵數，讓我們知道必須努力復原受汙染的環境。如果二氧化碳排放量為100公斤，可以需要20棵樹吸收二氧化碳的方式來表示。

🌿 與汽車有關的一切都在持續努力實現環保

環保成為汽車公司必須追求的義務事項。汽車工廠利用太陽能或風力生產所需電力，工廠供暖取地熱使用。運送汽車時，會使用汙染物質較少的電動或天然氣機車。有時，也會使用以天然氣或生物甲烷等替代燃料的卡車運送零件。

廢網材料

連行人安全
都納入考量的汽車

為乘車人設計的安全帶和安全氣囊

　　汽車是快速行駛的物體。如果發生撞擊會導致車內
的人受重傷。汽車開發者基於安全考量，開發出安裝在
汽車上的多種安全裝置，最具代表性的就是安全帶。
這是將身體固定在座椅上，防止車輛碰撞時身體彈出的
裝置。大家應該也聽過安全氣囊，顧名思義，安全氣囊
（airbag）是用空氣製作的囊袋。它會在撞車時瞬間膨脹，
發揮軟墊作用，所以車內乘坐者較不會受傷。

為行人考量的引擎蓋和安全氣囊

　　乘車人的安全固然重要，行人的安全也很重要。道路上不只汽車行駛，在高速
公路或汽車專用道路以外的地方也會有人與汽車併行的狀況。汽車與人相撞的話，
會是人傷得更重。據說三分之一的交通事故是行人撞車而發生的事故。

　　汽車製造時，有的甚至會考慮到行人安全而設計。
行人與車相撞時，經常會撞到汽車的引擎蓋上，此時如
果引擎蓋升起，可減少對人的衝擊。

　　另外也有為行人考量的安全氣囊。富豪公司在
2012年製作出世上第一個行人安全氣囊。如果碰撞發
生，安全氣囊會從引擎蓋內彈升至前擋風玻璃和A柱
部分，以此裝置減輕人碰撞時的衝擊。

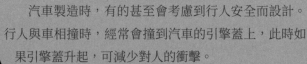

考量行人安全的最尖端技術

　　設計汽車時也會考慮到行人安全。為了減少空氣阻力，汽車通常會把車頭做得尖一點。但最近，大部分的車子把車頭做得比較粗壯，從側面看幾乎是垂直的。保險桿有吸收衝擊的作用，舊汽車的保險桿向前突出，但最近車子的設計不讓保險桿突出。保險桿裡頭的材料也加入吸收衝擊的物質，盡量避免遭撞的人受傷。

　　主動避開行人的技術也已問世，一感知到行人就會警告或停止。前方遠處有人經過，車內會發出警報。與行人愈來愈近時，如果駕駛人沒有採取任何行動，汽車會自動轉向避開行人。有的車甚至在發現行人且有碰撞危險時會直接自動停車。

減少路殺的夜視輔助系統

　　如果不想撞到行人，必須好好確認車子前方有沒有人。不同於白天，晚上會看不清楚，夜視輔助系統是可用紅外線看外面情況的設備，讓周圍的環境即使在晚上也看起來像白天一樣明亮，很容易確認是否有行人。

　　在高速公路或人煙稀少的鄉村道路上，偶爾會突然蹦出野鹿或貓等動物。來不及發現動物就直接撞上去而使動物死亡的情形稱為路殺。夜視輔助系統不僅可以顯示行人，還可以詳細顯示路經的動物，減少路殺。

11月11日是韓國行人日

　　在韓國，大家只知道11月11日是巧克力棒節（Pepero Day），其實這天也是行人日。數字1像是並排站立的行人，所以選定這一天。從2017年到2019年的統計來看，年度有46,000多名行人遭遇交通事故。2020年和2021年，雖然減少到36,000多人左右，事故件數依然很多。每年因行人交通事故而喪生的人超過1,000名。交通安全公團曾經測試過兒童行人發生交通事故的情況。在時速30公里時，受重傷的可能性只有4.9%，但在時速60公里時，卻高達98.8%，高出20倍。兒童要特別小心交通安全。

第3章

汽車的
設計與構造

保時捷911 Carrera

汽車的基本構造很簡單，就是四輪之上配備人的乘坐空間。雖然構造簡單但型態五花八門，依用途有各式各樣，如連結三廂的轎車、像是將轎車削去行李廂的掀背車、如同掀背車膨脹加大的SUV、SUV後部為載貨台的皮卡車（pick up）等。轎跑車車款只有雙門，敞篷車車頂敞開。型態和設計也都不一樣。有的車子圓滾滾的，有的車像方型箱子。每家品牌採用獨具特色的設計，以彰顯其獨特個性。有的品牌統一設計，無論大小車，外觀都差不多。汽車只有基本構造相似，型態和設計則各有千秋。

藍寶堅尼Countach

車頂打開的
敞篷車

汽車就像是帶輪子的箱子，車身呈四方形，側邊的玻璃窗可以打開，但車頂則是封閉構造。如果沒有車頂，四面八方豁然開朗，天空仰首可見，感覺也很涼爽。這樣車頂可開闔的車子其實早在很久以前就已經開發出來。

賓利Continental GT敞篷車

BMW 8系列敞篷車

保時捷911敞篷車

🏎 名為「蜘蛛」的汽車

　　車頂敞開的汽車，可謂始於從前的馬車。早期馬車沒有車頂，汽車在初期也是完全沒有車頂的構造。1930年代，競賽用汽車沒有車頂和玻璃窗，一旦下雨或下雪也只能直接淋在車內。這樣的構造冬天會太冷，夏天又陽光炙熱，乘車出入不易。因此，汽車公司製造出可以開闔車頂的汽車，稱為敞篷車。

　　敞篷車依結構差異、地區、製造公司，英文名字略有不同，如carbrio、cabriolet、roadster、spyder/spider等。Spyder/spider意即蜘蛛，因為車體扁平，移動的模樣有如爬行地面的蜘蛛而取此名。也有人說是因為覆蓋車頂的黑布篷看似蜘蛛坐落，才會以此命名。

🚗 無車頂的車子更難製造

敞篷車製造起來不容易，你說只要把車頂切下來就好了嗎？車子切掉車頂的話，就破壞了支撐車子的結構，其他部分也會變得脆弱。就像如果剪掉盒子上方的部分，其他部分也會變得軟趴趴的狀態相同。

敞篷車看起來很酷，但有許多缺點。首先，敞篷車遇到事故格外脆弱。特別是發生翻車事故時，軟頂車會十分危險。除了增添開闔車頂的裝置，為了強化車子，敞篷車還擴充各式各樣的裝置，所以車體比有車頂的車子更重，由於變重，移動也比較緩慢。有些車要用手取下車頂，但現今大部分的車只要按下按鈕，車頂就會自動開闔。有的車子只要速度不會太快，在行駛中也可以開闔車頂。

🚗 車頂的稱呼

以前，敞篷車的車頂稱為軟頂，該名稱反映了它以布料為材質。為了要摺疊車頂所以只能使用布料。改造成敞篷車時，布之類的材料也適合減輕更重的車體。近來技術發達，有的車頂以鐵板製作。軟頂的反義詞是硬頂，由於軟頂車的車頂是布，立刻可以知道為敞篷車；硬頂闔上車頂的話外觀與一般車子差不多，難以確認是否為敞篷車。

敞篷車暢銷之地

敞篷車是浪漫車款的代表。打開車頂吹吹風，望著映入開闊視野的風景，一路行駛心情也為之開朗。在天氣極佳的地區敞篷車很暢銷。四季和煦的美國加州地區，正是敞篷車暢銷之地。

不過在天氣不佳的地方敞篷車也可以賣得好。聽說在陰天持續的地區，太陽一出來，人們會湧入草坪或空地，曬太陽做日光浴。坐車時，在太陽現身的瞬間打開車頂，就能達到做日光浴的效果。因此，在陽光難得露臉的國家，敞篷車的銷量也相當可觀。

汽車的輪胎
一定要有四個嗎？

汽車大部分是四輪，這樣才能穩定移動不傾倒。
但四輪並非固定的數字，有的汽車是三輪或超過
十輪，甚至還有沒有車輪的汽車。

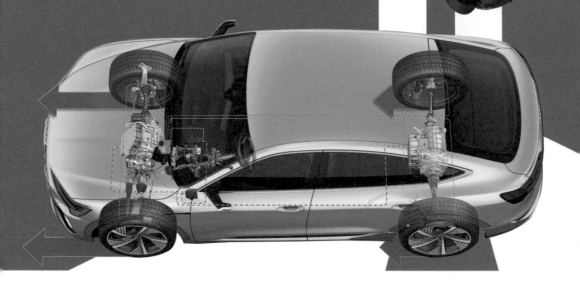

🛞 帶輪子的箱子

簡單來說，汽車是將輪子架上箱子而成的物體，沒有輪子汽車就無法運作，而
汽車大部分是四輪。自行車或摩托車為桿型構造，只要抓好重心兩輪就已足夠。然
而，汽車是底面寬的箱型構造，如果車輪不撐住各個角落，車子會難以行駛，所以
一般汽車會是四輪。

🛞 三輪的汽車？

以前，三輪的汽車很常見，例如韓國也有許多三輪車。1960 至 1970 年代，起亞

汽車產製三輪車，主要多作為卡車用。

三輪車的優點很多，價格便宜，車體小，窄巷也能順利行駛。但是，由於前輪只有一個，轉向時不易保持平衡。又因為重量輕，轉向時經常往側邊倒，所以也被禁止在高速公路行駛。後來，四輪汽車大量問世，三輪車自然而然地消失。

現今，在汽車產業和交通不發達的東南亞，三輪車依然相當多。有的地方像英國汽車公司摩根（Morgan）一樣，專門產製乘坐用三輪車。

🌐 有十個輪子的汽車

大型卡車的輪子多於4個，基本有6至10個。卡車輪子多是因為車身長，單憑4個輪子很難支撐。重量也有影響，若是大量負載，車子的重量有時高達30至40噸，要承受重量必然需要多一點輪子。車子負載愈重，輪子愈多。

非卡車的乘用車，有的也配備多輪。加長改裝的豪華禮車（limousine）車身長，所以會加裝輪子。為了能夠順利在山區或陡峭險地行駛，有的SUV配備六輪。

也有汽車沒有輪子

汽車之中也有無輪車，這類型的車會用履帶取代輪子。坦克或挖土機等重型裝備，必須也能行駛在險峻地形上，很多地方用橡膠輪胎無法通過，所以配備使用的是連結數十塊鐵板的履帶。為了能在雪道上行駛，有時也會加裝履帶至乘用車上。履帶車也需要輪子，將履帶架在輪子上移動。像裝輪胎一樣裝上履帶，可視為構造與車輪類似。履帶車可以順利開在崎嶇險路上，但難以快速行駛。

車門向上
掀開的汽車

汽車裝有車門，讓車內呈現如箱子般的密閉構造，產生安全寧靜的空間。一定要有門阻擋風吹進來，才能維持車內溫度，也防止人摔出車外。接下來將認識兼具安全與功能性、車子不可或缺的車門。

賓士300 SL

藍寶堅尼Countach

🏎 各種型態的車門

　　一般車門採從後面往前拉開的方式。有的門不是這樣，如廂型車的中間門採左右滑動的方式打開，即側滑門（sliding door），這樣的門即使空間狹窄還是能方便上下車。

　　馬車式車門（coach doors）像舊式馬車一樣左右開啟，類似雙門型冰箱。後門與一般車不同，是從前往後、朝坐的方向打開，這樣能便於上下車。主要使用馬車式車門的公司是製造世界頂級汽車的勞斯萊斯（Rolls-Royce）。由於這樣的車，車主主要坐後座而非駕駛座，馬車式車門的設計更方便後座乘客上下車。

　　許多跑車的開門方式很特別，主要採向上掀開的方式。跑車有兩道門，門長較

長，在道路上開關車門上下車較不方便，尤其停車困難。為方便上下車，車門乾脆設計成上掀開啟。構造上，跑車很難從側面開門，有時不得不做成上掀式。有的車則是追求外觀帥氣，所以採取上掀構造。

上掀式車門也有不同種類

上掀式車門也種類多樣，按照開門方式而有不同的趣味命名。最著名的是鷗翼門，由於門開啟的樣子有如海鷗（gull）的翅膀（wing），所以如此命名。1950年代，賓士產製300 SL型車，該款車的車門檻高，無法安裝側開車門。經過一番苦思，技術人員提出將門朝上安裝的想法並落實。時至今日，這款車仍算得上是鷗翼門的代表車款。

鍘刀門英文是用scissor（剪刀）這個字，不過中文裡，因為其開啟時會呈現出鍘刀展開的樣貌，故得此名。鍘刀門是從後向前開啟，方向朝上。蝴蝶門是樣子像蝴蝶（butterfly）翅膀的車門，打開的方式有如鷗翼門和鍘刀門的結合。開啟後的樣子貌似蝴蝶展翅。此外，汽車車門打開的方式還有很多種。艙門（hatch door）會像潛水艇蓋的艙口一樣開啟，故有此名。主要是SUV的行李廂門以這種方式打開。

麥拉倫Artura

雙門車
又稱為轎跑車

雙門車稱為轎跑車（coupé）。車子的高度低，車頂線條往後方傾斜下收。轎跑車無後門，所以車子的外型可以設計得較為平滑流暢。跑車一般會像轎跑車的型態。轎跑車的原型為馬伕座架在外側的四輪馬車。

賓利Continental GT

奧迪A5

賓士GLE轎跑車

由於是雙門，不方便坐後座

轎跑車後座在入座時，必須將前座向前傾移，然後鑽進中間的空隙入座。轎跑車與轎車不同，後座狹窄，車頂也低。若非很大型的車，塊頭大的成人大多會乘坐不便。有的轎跑車乾脆沒有後座，或者只是形式上設置不好坐的窄小座椅。轎跑車主要適合單人或雙人坐在前座。

按照後部車型分為兩種

轎跑車大致分為兩種。一種是車頂線條下傾至車尾，一種像轎車一樣，行李廂空間有部分突出。傾斜至車尾的轎跑車，是完全打造為轎跑車的車款；行李廂突出的轎跑車，則是在轎車產製後，將車門減為雙門的車款，外型與轎車相似。

轎跑車構造的後座雖窄，但車子大的話，後座也會一起加大，大型車級的後座空間寬裕。勞斯萊斯 Wraith 或賓利（Bentley）Continental 皆為前後座位寬裕的大型轎跑車。

靈動流暢的轎跑流線

轎跑車採雙門式，設計上相當自由。無須考慮兩道後門，車子可以設計得更加靈動流暢。車頂後方連至行李廂的轎跑車線條稱為轎跑流線。這是讓車子看起來帥氣的要素，所以其他車款也經常應用轎跑流線。尤其，市面上推出不少將轎跑流線應用於廂型SUV的轎跑型SUV。

轎跑車不比轎車受歡迎的理由

轎跑車的構造適合單人或雙人乘坐，所以被視為較特別的車款，不適合作為家庭用車。即使是單人使用，依然時有必須後座載人的情形，像轎車一樣有四門才方便。最近，一車多用途的SUV很受歡迎。轎跑車的空間利用率低，多人乘坐不便，原本就不是暢銷車款，現在購買者又再減少。

四門轎跑車

雙門是轎跑車的最大特點，最近轎跑車也出現變形車款，就是同樣稱為轎跑車的四門車。車頂向後延伸的線條傾斜而下，但後座設有方便搭乘的後門。保時捷 Panamera 或賓士CLS等是代表性的四門轎跑車。

多用途車
SUV、RV、MPV、CUV

我們會用車載運物品或行李。隨著露營等戶外休閒活動的增加，車子需要更多的行李空間。於是SUV等車款問世，不僅可以順利行駛在崎嶇險路，也能裝載更多行李。

跨界車

迷你廂型車

🚙 SUV 最初是軍隊用車

　　轎車是汽車最基本的型態，分為引擎、人、行李3個空間。轎車有舒適的乘坐空間，但缺點是車身長，難以裝載大型行李。車身高度也較矮，不適合開離道路或行駛在崎嶇險路上。

　　SUV的名字取自運動型多用途車（Sports Utility Vehicle）的英文首字母，意指適合野外活動的車。這款車原為行駛在崎嶇險路上而製。SUV車體高大，骨架堅實，遇到道路凹凸不平也能順利行駛。配備四輪驅動，即使陷進沙子或泥濘路也能輕易脫離。

SUV 本來是為軍隊乘用而製的車，軍隊馳騁戰場，用車必須堅實，而且能夠輕鬆行駛在崎嶇險路上；而SUV就是將軍用車打造成一般人使用的車款。廂型車體的車身高，車內空間寬敞，尤其行李空間大，可以裝載許多行李。

SUV 是原為行駛在野外崎嶇險路上而製的車，但從1990年代開始，一般道路上駕駛SUV的人開始慢慢增加，現已成為暢銷程度等同轎車的一般車款。

打破 SUV 和跑車的界限

有的車打破了SUV和跑車的界限。保時捷911 Dakar是將跑車改造成如同SUV的車款。為了能夠參加險峻的越野拉力賽，該車款不僅提升車底高度，並且增添多樣功能。

🌑 為不同目的而誕生的 RV、MPV、CUV

RV 是休旅車（Recreational Vehicle）的英文首字母，意為適合休閒活動的車，主要指迷你廂型車（minivan）。迷你廂型車的車身又長又高，可以乘坐5人以上，是非常適合家庭出遊的車款。MPV是與迷你廂型車相近的車款，型態類似迷你廂型車，唯車身較小，用途幾乎差不多。MPV是多用途車（Multi Purpose Vehicle）的英文縮寫。

CUV 指的是跨界多功能車（Crossover Utility Vehicle）。SUV原本是適合行駛在崎嶇險路上的車，但現今多行駛在道路上。SUV的車身高，具有移動遲緩或不穩定的特性，乘車感也比轎車差。CUV是比SUV較低一點，坐起來有轎車感的車。這是為了一般在市中心需要駕駛類似轎車的車，但希望外觀樣式如同SUV的人所推出的車款。

SUV

轎車和旅行車
有何不同？

汽車樣式會根據能載多少人、裝多少行李而有所不同，不同
型態的汽車名稱也不一樣，我們常見的乘用車大多是轎車。
不同於此，將車內與行李廂連結的車則稱為旅行車。

奧迪A4 Avant

捷豹XJ

🚗 以車內乘車者為中心的轎車

　　轎車是著眼於讓人的乘車空間舒適化的車子。前面部分為引擎室，中間是人的
乘坐空間，後面是裝載行李的行李廂。這3個部分看似3個箱子連結一起，所以轎車
又稱為三廂車。

　　轎車一詞始於中世紀法國色當（Sedan）地區貴族乘坐的轎子。不同國家有
sedan、saloon、berlin、limousine等不同稱呼。

　　轎車用車壁阻隔裝載行李的行李廂和人的乘坐之處。行李廂完全分離，車內看
不見行李，行李搖晃時產生的聲音和震動也不易傳到車內。將食物等有異味的物品
裝入行李廂時，氣味也不會進到車內。行李廂與車內空間分離的結構，有時也會成

為缺點。轎車難以裝載長型的大件物品。部分轎車可摺疊後座座椅，與行李廂空間連結，擁有行李空間擴大的功能。為了能夠裝載滑雪板等細長物品，有時後座靠背中間還裝設小門。

源於馬篷車的旅行車

旅行車的英文為wagon，原本用以稱呼美國西部拓荒時代由馬牽引的馬篷車。顧名思義，該車款以裝載行李為優先。旅行車與轎車不同，裝載行李的空間和人的乘坐空間相連。後座摺疊起來，空間就會變得很大。旅行車將轎車的後面部分製成方形，作為車子的一部分，讓行李能夠裝載到行李廂的最上方。

在偏好實用車款的歐洲旅行車很受歡迎。人們喜歡旅行車，甚至有做成旅行車的跑車。旅行車在美國也人氣頗高，但隨著迷你廂型車的問世，近來人氣下跌。旅行車在韓國不受歡迎，因為人們視之為貨車。旅行車與轎車一樣也有多樣名稱，如avant、touring、shooting brake、estate等。

行李空間在車內的SUV

行李廂未突出的掀背車（hatch back）或為休閒生活打造的SUV，行李空間與人的乘坐空間相連。行李多的話，有些不方便的因素會影響車內，對於打造舒適氛圍造成局限。

> #### – – – SUV〉旅行車〉轎車 – – –
>
> 旅行車是介於轎車和SUV中間的型態。雖然SUV和旅行車差不多但車身較高，容易移動遲緩或傾斜。旅行車像轎車一樣扁平，移動較穩定。要裝載大量行李，又尋求轎車的乘車感和移動感的人會選擇旅行車。

旅行車行李廂

圓弧造型汽車
和稜角造型汽車

汽車設計的種類千百樣，但大致可分為稜角造型或圓弧造型
兩種，設計師無法發揮創意靈感任意製作車子外型。考量到
製作方法或安全等，最初的構想往往與實際設計大有不同。

圓弧造型的奧迪TT

圓弧造型的福斯金龜車

🚗 流線型的發現

　　汽車剛發明時樣式類似馬車，並無汽車獨有的設計，只是將引擎安裝在馬車上
的運輸工具而已。進入1930年代後，汽車的外型設計導入了「流線型」。流線型意
指圓滑修長的外型，參考水滴或海豚的模樣就能理解。隨著引擎性能改良和空氣動
力學的發展，減少空氣阻力的流線型成為汽車設計的核心要素。

　　最早的流線型設計汽車是美國生產的克萊斯勒（Chrysler）Airflow。該車款在
1934年問世，1937年停產，對於後來的汽車設計產生巨大影響。

🚗 轎車的設計是流線型

轎車之類的乘用車將稜角設計成圓滑型。空氣阻力減小，加速更為容易，前進時承受較少阻力，油耗也隨之減少。也有的車是為了外型美觀而做成圓弧形。

福斯金龜車（Beetle）整輛車外觀圓滾滾的。奧迪TT第一代車型也與金龜車的型態相似。跑車求速度快，所以設計成空氣阻力最小的流線型。不過，也有像是藍寶堅尼推出的車子般，呈現有稜有角的外型。但仔細看的話，藍寶堅尼的整體型態也是流線型。

稜角和圓弧也會有外觀的差異。線條豎立會顯得稜角分明，柔和修整稜角則變得圓潤平滑。這種差異取決於流行或汽車公司的設計目的。

🚙 SUV常見稜角造型設計

車身高大的SUV以擴大使用空間為目的而製。為了提高空間效率，車子經常設計成廂型。賓士G-Class或荒原路華（Land Rover）Defender都看起來像箱子相連結，外觀四四方方。

非SUV的車款中，起亞Ray或Soul看似箱子。雖然方形車的使用空間寬敞，但承受較大的空氣阻力。因為有稜有角，空氣無法流暢通過而撞到車體，所以容易發出噪音，且空氣阻力大導致油耗也高。

稜角造型的SUV

稜角造型的
藍寶堅尼Aventador

同品牌的汽車
正面外觀會雷同

用來表示公司或公司推出之特定產品系列的標誌，稱為品牌。簡單來說，品牌可視為一個家族。同一家人的長相都差不多。就像遺傳上，孩子的模樣會長得像父母一樣，同一品牌的汽車風格也會相似。

保時捷911 Carrera

🚗 每間公司的汽車有其獨特設計

　　汽車有所屬品牌。現代、BMW、賓士、豐田等皆是品牌。每個品牌生產多樣車款。現代汽車旗下的高級品牌GENESIS內有G70、G80、G90、GV60、GV70、GV80等多種車款。為了良好展現品牌特性，汽車公司會將外觀做得很相似。

🚗 BMW的進氣格柵是腎形，GENESIS是盾形

　　所有BMW汽車的正面都開了2個鼻孔般的大洞，外觀像是人的腎臟，所以被稱為「腎形（kidney）」進氣格柵。進氣格柵是車子前部為流通空氣而開的洞。起

亞的進氣格柵兩邊長，中間上下稍微凹進去，是虎鼻樣的形象化。奧迪使用上下相連的進氣格柵。GENESIS的進氣格柵長得像盾牌。汽車公司會統一自家進氣格柵或頭燈的樣式，所以同品牌的汽車正面外觀會很類似。

用其他特色也可以做出相似的外觀。保時捷以跑車聞名於世，911車系已延續數十年，尤其是911的圓形立式頭燈，別名「蛙眼」。

BMW

用設計體現個性和自豪感

統一汽車設計，可以讓車子的品牌一目了然。如果長期保持相似的面貌，會被認可為具有傳統的品牌，但有時也可能會因此令人感到無趣，或者被認為是老舊品牌。有些品牌會徹底改變延續了數十年的樣貌。

捷豹（Jaguar）是坐擁數十年傳統的高級品牌。捷豹XJ是捷豹的代表車系，自1968年首度推出以後，一直維持在低扁車身兩側分別安裝雙頭燈，引擎蓋上有沿頭燈曲線之波浪狀的特色設計。捷豹的其他車款也與XJ的風格相似。不過，捷豹品牌的設計在2000年代中後期將古典樣式完全轉變為現代設計。

凌志

GENESIS

汽車的進氣格柵

汽車的進氣格柵是設置在汽車正面的洞孔。汽車行駛時，空氣進入該洞孔，為冷卻水和引擎降低熱度。行駛中，進氣格柵也有保護作用，可避免石頭或飲料罐等異物碰撞汽車水箱的危險。這是汽車不得省去的必要部分，可藉由帥氣的設計來展現個性。最近開始成長的電動車沒有引擎，無需巨大的進氣格柵，製作上可取消或縮小進氣格柵。雖然也有電動車裝設進氣格柵，但那是為了減少空氣阻力的密閉式設置。

福斯Golf第1至8代

汽車為什麼，
又會在什麼時候改款？

即使是同名車款，也有樣式截然不同的車子。汽車首度上市後，經過數年，將性能與設計作調整變化然後重新上市，即所謂的改款。

Classic MINI與第1至3代MINI

名字一樣，但是全新款式的車

汽車經過一定時間後會改變外型。例如，同樣是Sonata，初上市與現在推出的車型截然不同，成為全新型態的汽車，即所謂的「全面改款（Full Model Change）」或「大改款」。

汽車持續發展，植入新技術和改善性能有其必要。大幅改款時，連外型都會改成一款新車。這種情形與電子產品或智慧型手機推出新產品類似。

全面改款的理由有很多種

如果世界上只有一家汽車公司，應該就不必每隔幾年推出新車，因為沒有競爭的必要。全世界有許多汽車公司，推出各式各樣的車子，想買車的人可以選擇自己想要的車。相較於舊車，人們會比較傾向買新車吧？因此，為了讓自家車看起來優於其他公司的車，汽車公司每隔幾年就會更換新款。

汽車市場有一句話：「汽車公司靠新車吃飯」。新車推出後，在掀起熱潮的短時間內大賣，然後又再度推出新車擴大銷售，反覆進行此一過程。

改款通常是6、7年換一次

汽車改款，快則3、4年，慢則超過10年才換。一般人普遍使用的大眾型汽車價格便宜，改款週期較快。由於車子賣得多，很容易就會令人感到厭倦。儘快推出新車，才能引起人們的關注。昂貴跑車或高級車的銷售量不多，長期維持類似的外觀也不至於顯舊。

單一車款可以持續6、7年之久。因此，在改款之前，中間會稍微改變外觀及改善性能。幅度大一點的稱為小改款，幅度小的稱為微整。

每1、2年不顯眼的小幅變更稱為年式變更，主要配合銷售年度推出改良車款。年式與製造年度並不一致。2023年式是2022年推出的車款，主要以銷售至2023年為目的。

同一人可為多家
汽車品牌設計

汽車設計師將腦海中構想的帥氣汽車表現成圖畫，汽車則是
以此為基礎裁切鐵板製作而成。通常汽車公司有設計部門自
行做設計，有的公司設計師甚至超過數百名。

喬治亞羅設計的福斯Golf第1代

🔵 也會委託公司外部做設計

　　汽車公司有時也會委託不屬於公司的設計師來設計新車。雖然是汽車公司，但
若無設計技術、規模小或內部沒有設計能力時，就會委託外部做設計工作。縱使公
司內有設計部門，也不時會將特定車另外委託外部設計企業。

🔵 汽車設計專門公司

　　專門提供汽車設計的地方，稱為「汽車設計工作室（Carrozzeria）」，義大利文
原意為「汽車工坊」。設計公司會自行製作概念車或原型車，汽車公司再參考其作

品，從中汲取設計靈感。

汽車設計工作室不僅設計能力卓越，並且引領汽車市場的設計潮流。有時多家汽車公司會向同一家汽車設計工作室委託設計，所以即使品牌和車型不同，但款式的設計製作可能來自同一處。

🔵 著名汽車設計公司與設計師

賓尼法利納（Pininfarina）公司以為跑車品牌法拉利設計車型而聞名。賓尼法利納成立於1930年，自1952年起開始設計法拉利車型。除了法拉利之外，其還為愛快羅密歐（Alfa Romeo）、瑪莎拉蒂（Maserati）、飛雅特（Fiat）、寶獅（Peugeot）等眾多品牌設計車子。賓尼法利納設計的跑車美到獲認可為藝術作品。在韓國，現代汽車Lavita、大宇（Daewoo）汽車Rezzo也是由賓尼法利納設計的。

博通（Bertone）也很有名，曾設計超跑品牌藍寶堅尼（Lamborghini）的歷史名作Miura和Countach等。馬塞羅‧甘迪尼（Marcello Gandini）、喬蓋托‧喬治亞羅（Giorgetto Giugiaro）等著名設計師皆為博通出身。博通也曾為韓國大宇汽車設計Espero。

義大利汽車設計師喬蓋托‧喬治亞羅曾設計出全世界最暢銷的車款之一的福斯Golf。韓國第一輛自製汽車，即現代汽車的Pony也是喬治亞羅的作品。此後包括現代汽車Stellar、大宇汽車Matiz在內的多款韓國產車型相繼在喬治亞羅手中誕生。

喬治亞羅設計的
Pony Coupe概念車

汽車的材料

汽車使用大量材料，如車身為鐵製、車輪為橡膠製、椅子為皮革或織物製、儀錶板為塑膠製、窗戶為玻璃製。汽車的材料對性能和重量有重大影響，汽車公司正在努力開發新的材料來取代主材料鐵。

賓利Bentayga

「鐵」是最合適的材料

　　汽車是載人載貨的交通工具，為了保護人與貨物，骨架必須堅固，即使長期駕駛也無毀損，維持堅硬固實。製造汽車最合適的材料是「鐵」。鐵質堅硬，價格便宜，被用作製造汽車的主材料。

　　加工鐵的公司製造鐵板，汽車公司會按照汽車外型裁切製車。鐵是實用的材料，但也有其缺點，如十分沉重又會生鏽。汽車愈重，性能便愈差，而且會多耗油，加速時更費力。生鏽問題可以透過上油漆來解決，汽車塗上形形色色的油漆，雖然也有讓車子看起來更美觀帥氣的目的，但根本原因是為了防鏽。

🔩 輕而昂貴的鋁和碳纖維

鋁又輕又堅固，用以替代鐵可以減輕車子的重量。但是鋁的價格昂貴，且加工困難，若要用在製造車子則需要特別的技術。引擎蓋或車頂等只有一部分使用鋁。

有的車子車身全部由鋁製成，價格昂貴。不過，比起鐵製的車子，鋁製的重量輕20至30%。除了鋁之外，鎂等新材料也問市，只是由於價格不斐，使用並不廣泛。賽車會使用碳纖維，碳纖維可視為堅韌的塑膠，得以減輕車子的重量。高級跑車也與賽車一樣會以碳纖維製造。

子彈也打不破的防彈玻璃

防彈玻璃是將2片以上的玻璃以特殊黏合劑密合，即使中彈也不會破碎的特製玻璃。從前，玻璃之間會填充壓克力樹脂來提高強度。最近則採用在玻璃之間注入空氣層，藉以吸收衝擊，提高防彈效果。

🔩 車內材料各式各樣

塑膠是最常使用的汽車廂內材料。除此之外，也使用皮革、木材、鋁、鎂、碳纖維、布等。根據材料質地和加工方法，車內氛圍也會大不相同。有的木材會使用真實原木，有的則是將木紋膠片套上塑膠，讓外觀看起來有如木材。

汽車材料中，不可或缺的是玻璃。要讓車內能看到外面，同時防止風雨霜雪的衝擊，就必須要有玻璃。後視或側視鏡也是用玻璃做的。發生事故時，若汽車玻璃碎裂會格外危險，因此特製玻璃的碎片不會飛散，只會有裂痕而已。

輕盈結實的碳纖維強化塑膠

汽車的重量直接關係到燃料消耗、速度和力量。每家汽車公司都致力於開發更輕盈、更結實的材料。一般來說，汽車重量減少10%，燃油效率會上升6%。讓汽車更輕盈的代表性輕量化材料有高強度鋼、鋁、鎂、碳纖維強化塑膠等。碳纖維主要用於飛機機身，重量只有普通鐵的一半、鋁的70%，而強度高達鐵的10倍。

在汽車領域
也同樣活躍的電腦

汽車剛發明時，只是一台會移動的機器。現在的汽車擁有高度複雜的尖端電子裝置，被稱為「會移動的家電產品」，而汽車內建的電腦可執行各式各樣的功能。

一切歸功於電子裝置

　　汽車是機器，由鐵、塑膠、玻璃、其他金屬材料等製成的零配件組合而成。初期的汽車構造非常簡單，零配件並不多，可說只有人乘坐的部分、引擎和車輪。

　　原本僅由機械零配件組成的汽車，在電子裝置的輔助下取得大幅發展。初期汽車僅由機械組成，啟動也是由人親手操作。引擎要運轉，剛開始需要較大的動力，人得用力轉動大型把手來為引擎增添動力。下雨的話，人要親自用雨刷擦玻璃。這類原為人們親自施力使用的裝置，後來轉換成電子裝置後而自動化。引擎改以電動馬達啟動，雨刷也是用電子裝置自動運作。

汽車內建電腦

　　隨著汽車技術發展，汽車內建的電子裝置也愈來愈多。而且超越單純以裝置取代人工，汽車更進一步電腦化。像是執行電腦運算，藉此來持續掌握車子每個部位的狀態。

電腦向車子各處的機械裝置發送信號，下達命令。不僅會顯示燃料還剩多少，也能告知剩下的燃料可再行駛多少距離。電腦也會自行檢查輪胎氣壓並顯示出來。如果車子偏移，必須將車身調整至原位時，電腦會向調整車身的裝置下達命令。電腦也會掌握引擎需要多少動力，隨時調節注入引擎的汽油量。

某些汽車的電腦會感知道路凹凸不平的程度，並且調控車子的移動，避免搖晃。汽車各處大量使用電子裝置。據說，為了連接電子裝置，光是電線長度就超過1公里，重量也逾50公斤。

汽車電子裝置的缺點

隨著電子裝置的增加，汽車變得更加舒適安全。然而，電子裝置的增加未必全然是好事。不同於機械裝置，電子裝置非常複雜，如果發生故障，經常無法進行緊急處理，只能靜候緊急維修前來救援。修理複雜的電子裝置也所費不貲。

🌐 自己會跑的家電產品

未來將推出自己會跑的車，即使無人駕駛，電腦也會自動移動車子。電腦和電子裝置的角色強化，讓車子再也無需人的輔助。不需人為駕駛的汽車主要會是電動車，電動車用電動馬達行駛，所以零配件比引擎用車少很多。比起機械部分，使車子自行移動的電腦可謂是汽車的中心功能，汽車將就此成為「會跑的家電產品」。

司機駕駛車
和車主駕駛車

雖然汽車內部的空間狹小有限，但座位設計良好。另有司機時，最佳座位是副駕駛座的後座。在電影或電視劇的高層人士乘車場景中，多可看到他們坐在此一座位。也因此副駕駛座的後座會被稱為VIP座。

BMW 7系列

🚗 講究後座的車有何優點

　　副駕駛座的後座朝向人行道，上下車很方便。如果坐在駕駛座的後座，行駛在內側車道時，視線能看到對向駛來的車子，會造成心理上的不安。在副駕駛座的後座，往同一方向行駛的車子和風景映入眼簾，心情上會比較舒服。若是收攏副駕駛座的座椅，視野變寬也不會感到煩悶。事故發生時，副駕駛座的後座相對來說危險性較低。

🚗 後座採高級裝潢的車——司機駕駛車

　　汽車公司索性產製VIP座位寬敞華麗的汽車。主要是高級車公司推出的超大型

轎車，這類車子稱為司機駕駛車（chauffeur-driven）。chauffeur 是司機之意，driven 則是驅動之意，兩者結合則是指由司機駕駛的車。反之，由車主（owner）親自駕駛的車，稱為車主駕駛車（owner-driven）。

所謂的司機駕駛車，並非指不讓車主自己開，司機駕駛車反而更適合自己開。由於是汽車公司最好的車款，所以駕駛座上滿是各種裝置，得以享受多樣的體驗。這類車大部分性能卓越，駕駛起來別有樂趣。雖然前座也很棒，但後座裝潢的高級程度足以安排司機開車、自己乘坐後座，這樣的車子可視為司機駕駛車。

代表性的司機駕駛車

司機駕駛車經常被形容為「有如飛機的頭等艙」，飛機頭等艙算得上是豪華座的代表。司機駕駛車打造的重點在於後座乘客的舒適，會使用高級材料，加入座椅角度調整或按摩功能，確保空間寬敞，配備螢幕和冰箱等多樣功能，細緻調節乘車感受等，讓人在溫馨舒適的氛圍中享受多重體驗。勞斯萊斯 Phantom、賓利 Flying Spur、賓士 S-Class、BMW 7系列、奧迪 A8 等皆是代表性的司機駕駛車。

想成為汽車設計師
該注意哪些重點？

畫出汽車外型的人，稱為汽車設計師。但汽車設計不能一味只求漂亮帥氣，必須考慮到汽車的眾多零配件要能順利配置，周全地構想各種面向。

不能只著重外型設計

汽車的製造，首要確定汽車的外型，畫出汽車外型的人即稱為汽車設計師。設計師畫出汽車的外型後，就會以此為基礎製造汽車。但汽車設計並非只要將外觀畫得帥氣美觀就好。

製造汽車時，要經過製作和組裝零配件的過程。為了讓工廠能夠製造，設計也要有相應考量。如果在設計上，零配件的製作困難，製造過程會變得複雜，費用也會大幅提高。設計外型時，還要考慮空氣的影響。設計師不能光有美感，還要掌握工學知識，以及全面通曉製作工序。

首先須具備卓越美感

　　舉例來說，要成為汽車設計師，必須進入工業設計學系，主修交通工具設計。大學畢業後，可在汽車公司擔任設計師。即使大學時並非主修美術，也可以透過留學設計學系或進入研究所進修的方法成為設計師。無論走哪條路，想要成為汽車設計師，設計專業不可或缺。

　　國外有著名的設計學校，如英國的皇家藝術學院（Royal College of Art，RCA）和美國的藝術中心設計學院（ArtCenter College of Design，ACCD）。這些學校的畢業生實力堅強，許多人進入全球各大汽車公司。

關注多元領域與豐富的經驗是基本

　　即使成為汽車設計師，也不會從一開始就設計整輛汽車。從小零配件開始，逐漸積累經驗後才能進行整體設計。設計也有外部和內部設計的領域之分。除了設計師，設計部門還有很多人投入各種工作，如用黏土製作模型或用電腦設計等。

　　著名的汽車設計師為汽車市場整體打造出流行趨勢。他們做出的設計不僅流行，還成為代表時代的汽車設計。要培養出這類敏感度，不能單純只做好設計，同時要關注多元領域，擁有豐富的經驗，才能提高設計實力。若想成為汽車設計師，繪畫功力也是必要，不過透過多元經驗累積對事物的感受也很重要。

競爭激烈

　　設計師的世界競爭激烈。開發汽車時，會在多種設計中選擇一個，同一公司內也有多個團隊努力讓自己的設計被採用，經過競爭選出的設計必然是相當優秀。現在道路上行駛的車子都是透過這樣的過程完成設計。

第 **4** 章

世界頂級汽車與汽車公司

凱迪拉克總統豪華禮車

世界人口有80億，每個人的喜好各有不同，使用汽車的目的也不一樣。各國各洲的自然環境或文化千差萬別，要在世界各地製作出滿足每個人理想的汽車，汽車公司與車款都得數不勝數才可能。全世界有超過數百個汽車品牌製造數千多款車子。汽車如此眾多，所以差異也很大。一輛勞斯萊斯Phantom的價格約為新台幣數千萬元，塔塔（Tata）Nano在2008年上市時僅僅需約新台幣7萬元。有的品牌只製造扁型跑車，有的公司只產SUV。汽車公司時而新成立，時而倒閉消失，又時而多家公司組成大型聯盟，與時俱進不斷變化。

法拉利F8 Tributo

全世界第一輛汽車
只跑得比人稍快一點

連車輪的發明也包括在內的話，汽車的歷史可以上溯到非常
遙遠的過去。卡爾‧賓士首度製作出以引擎為動力的現代汽
車。1885年，卡爾‧賓士想著造出一輛沒有馬也能跑的馬
車，進一步開發出汽車。

專利電機車

卡爾‧賓士和貝爾塔‧賓士

🔩 世界最早製作出汽油引擎的尼古拉斯‧奧圖

　　18世紀後期，利用蒸汽機的汽車出現。蒸汽機是利用水煮沸後產生的蒸汽來驅
動機械裝置的機關，不過得一直用木材和煤炭燒水才能驅動，結果造成大量噪音和
煤煙，十分不便。加上機身重，容易損壞道路等諸多問題，最終蒸汽車未能普及。

　　德國機械技師卡爾‧弗里德利希‧賓士（Karl Friedrich Benz，1844～1929）發
明汽油引擎，作為取代蒸汽機的動力，但未能正常運作。

　　同一時期，尼古拉斯‧奧圖（Nikolaus Otto，1832～1891）提出四行程汽油引
擎的專利申請。然而，在1884年，奧圖製作的引擎專利被判無效，卡爾‧賓士也開
發出四行程引擎。雖然奧圖發明引擎，但沒想到以此製造汽車。

讓「獲專利汽車」誕生的卡爾·賓士

卡爾·賓士將傳動軸連上汽油引擎，製作出配備三輪的汽車，且向德國專利廳申請專利。1886年1月29日，他取得37435號專利，世界上第一輛汽油汽車誕生，車名為「專利電機車（Patent-Motorwagen）」，意謂著「沒有馬也能自己跑的馬車」。這是第一輛由引擎取得動力，乃至配備電子點火裝置的汽車。據說當時總共製作出3輛。

該車的車身以鋼管製，為可雙人乘坐的結構；重量僅僅250公斤，時速達16公里，跑的速度比人稍微快一點。雖然是汽車但無法加速，其意義在於不須馬或牛也能移動。

與賓士同時代開發的汽車

在專利電機車之前，也有其他發明汽車的嘗試。曾與奧圖一起共事的內燃機技師戈特利布·戴姆勒和設計師威爾海姆·邁巴赫在1883年發明引擎，兩年後再用引擎來製造會移動的汽車。該車配備雙輪，外觀類似摩托車，當時名為騎行車（riding car）。

首位汽車駕駛員是卡爾·賓士的夫人

卡爾·賓士開發出專利電機車，但卻不願意對外公開。身為完美主義者，他認為自己發明的車子未臻完善。卡爾·賓士當時住在曼海姆（Mannheim），地方報紙還曾刊登譏誚賓士車子的報導。

首位汽車駕駛員正是卡爾·賓士的夫人貝爾塔·賓士（Bertha Benz）。她瞞著丈夫開這輛車，行駛超過140公里的路程。她還清理了汽車化油器、更換剎車來令片（brake lining）等，無意中為車子做了測試和檢查。貝爾塔·賓士成為史上首位試駕的駕駛員，甚至還載著兩個孩子同行。

首位銷售賓士車子的人是法國人埃米爾·羅傑（Emile Roger）。他從卡爾·賓士手裡取得設計圖後，自1888年起開始產銷該車。

全球有幾家
汽車公司？

全球的汽車公司有數百家，規模由小至大，非常多樣，主要多
來自歐洲、美國和日本。日本豐田和德國福斯正在爭奪世界銷
售第一的寶座。

捷豹F-TYPE Coupe

起亞Mohave

🌐 美國汽車公司三巨頭

在汽車產業發達的美國，代表性的公司為通用汽車（GM）、福特、克萊斯勒。
這三家公司合稱為「三巨頭（Big 3）」，意即美國最大的三家大廠。克萊斯勒目前隸
屬於汽車巨擘斯泰蘭蒂斯（Stellantis）公司。通用汽車原是年銷售1000萬輛汽車、
爭奪世界第一的大型汽車公司，但在2008年來襲的全球金融危機後，排名有所下
降。特斯拉是產製電動車的公司，成立於2003年，所以歷史不長。在美國，小型的
汽車公司也相當多。

🌐 歐洲和日本的汽車公司

歐洲是最早發明汽車之處，所以汽車公司眾多。德國是汽車產業特別發達的

地方，賓士、BMW、奧迪、福斯、保時捷等著名高級車公司皆來自德國。福斯集團旗下有奧迪、賓利、斯柯達（ŠKODA）、喜悅（Seat）、藍寶堅尼、布加迪、保時捷等。

英國從很早就開始發展汽車產業。勞斯萊斯、賓利、捷豹、荒原路華、奧斯頓馬丁（Aston Martin）、蓮花（Lotus）等皆是以高級車、高性能聞名的英國公司，但現在無一品牌維持英國國籍，全部移轉成其他國家的公司。小型公司則有許多仍留在英國。

雷諾（Renault）、寶獅、雪鐵龍（Citroën）等是法國公司。義大利以法拉利、藍寶堅尼等超跑公司聞名。日本則有豐田、日產（Nissan）、本田、速霸陸（Subaru）、三菱（Mitsubishi）、鈴木（Suzuki）等。豐田是與福斯汽車爭奪世界第一的大型公司。除了這些之外，還有瑞典的富豪、西班牙的喜悅、捷克的斯柯達等多家公司。

汽車公司未必都能持續經營，有的會關門大吉或進入其他公司旗下。瑞典的紳寶（SAAB）公司是產製個性汽車的公司，但在2010年代初期消失。

汽車公司所在的20餘國

產製汽車的公司比我們想像的還要多。但是，擁有汽車公司的國家其實並不多，僅僅20餘國，其中也有韓國。韓國汽車工業蓬勃發展，大公司就有5家。現代汽車規模最大，其次為起亞。現代汽車和起亞合併為一；韓國通用汽車（GM Korea）和雷諾韓國（Renault Korea）屬外國公司，雙龍汽車（SsangYong）是以產製SUV為主的公司。

🔩 韓國汽車生產量躍居世界第5

2021年，韓國汽車產量僅次於中國、美國、日本、印度，躍升為世界第5。目前世界排名持續保持在第5至7之間。中國在從前汽車技術未發達，外國公司進入產銷汽車。如今，中國汽車產業發達，自家公司也增加許多。若將沒沒無聞的公司也算進去，汽車公司總數超過100家。在中國汽車市場，電動車技術發達且相當普及。截至2021年，中國已連續13年蟬聯世界汽車產量之首。

飛雅特Panda

汽車的商標和品牌
未必會持續存在

品牌是汽車的商標。雖有公司名稱即商標的情形，但也有一家公司推出多個品牌汽車。汽車銷售不佳公司會倒閉，品牌也跟著消失。旗下擁有多個品牌的公司也會取消不受歡迎的品牌。

GENESIS GV60

公司名稱與品牌未必相同

　　如果品牌只有一個，公司名稱就是品牌。若是一家公司旗下擁有多個品牌，公司和品牌就不會相同。福斯汽車公司旗下擁有福斯、奧迪、賓利、布加迪、喜悅、斯柯達、保時捷等眾多品牌。日本豐田則分為銷售大眾車的豐田和銷售高級車的凌志（Lexus）品牌。

那麼多品牌都去哪裡了呢？

　　品牌不是永恆的。汽車要大量銷售公司才能營運，品牌也才能生存下來。美國的通用汽車曾經是世界第一大公司，旗下擁有雪佛蘭（Chevrolet）、凱迪拉克等

眾多品牌，但現在減少許多。悍馬（Hummer）是產製越野SUV的品牌；龐蒂克（Pontiac）曾經生產運動型大眾車；釷星（Saturn）是主打年輕層的小型大眾車專門品牌，奧茲摩比（Oldsmobile）專為中老年層打造汽車。悍馬、龐蒂克、釷星、奧茲摩比原本都在通用汽車旗下，但現今全是消失的品牌。由於銷售不佳導致虧損，難以維持而取消品牌。在美國規模僅次於通用汽車的福特也取消了水星（Mercury）品牌。紳寶原是瑞典汽車公司暨品牌，由飛機公司起家，產製個性汽車。經歷經營困難之後，紳寶公司和紳寶這個品牌也隨之消失。

🚗 品牌也會合而為一

　　韓國也有消失的品牌。大宇汽車納入通用汽車旗下後，改為通用大宇，後來又成為韓國通用。韓國通用銷售雪佛蘭和凱迪拉克等通用汽車旗下品牌的車款。雷諾三星原本是三星汽車，三星汽車公司經營困難，遂歸入法國公司雷諾旗下。三星品牌依然存在，與雷諾合併稱為雷諾三星，後來改為雷諾韓國。

　　有時也會誕生新品牌。日本公司為銷售高級車創立新品牌；豐田推出凌志，日產推出 Infiniti，本田推出 Acura。GENESIS 也是現代汽車集團內新成立的品牌。

雷諾韓國XM3

林肯Star概念車

福斯汽車的涵義是國民車

每個國家都有國民車。國民車並非另有標準，大致上成為國民車的車款多為經濟型，由於價格低廉，任何人都買得起。此外，國民車也是長久受歡迎的暢銷車款。

福斯Beetle（1938）

飛雅特500（1957）

國民車並非另有規定

在歐洲，小型掀背車非常暢銷，以福斯Golf等車為代表。日本由輕型車發揮國民車的作用。在美國，皮卡車數十年來一直保持著最暢銷的車款寶座。韓國則偏好大車，由現代Grandeur之類的準大型轎車扮演國民車的角色。

希特勒的國民車計畫

1930年代，德國希特勒制定了產製國民車的計畫，保時捷博士曾經參與此計畫。希特勒提出的國民車條件為2名成人和2至3名兒童可以乘坐，價格必須在1000馬克以下，且具備1公升油料能夠行駛12公里以上的經濟性。由於有車庫的房子不

多，所以即使在寒冷的冬天引擎也得不會結凍才行，另外維修保養費用也要便宜。

🚗 國民車的代表車款—— Beetle

配合這些條件，1936年推出的第一款車是KdF。其比最初規劃的價格更便宜，售價為900馬克，燃油效率極佳，每公升達15公里。該款車被稱為Volkswagen，意指國民車。Volks意思是「大眾」或「國民」，wagen意指汽車。顧名思義，就是「國民車」之意。這款車外觀像甲蟲，「金龜車（Beetle）」的稱號比KdF更貼切。Beetle生產到2003年。

🚗 Volkswagen 成為公司名稱

保時捷博士乾脆成立名為Volkswagen（福斯汽車）的公司。福斯汽車產製的Beetle創下在全世界銷售2150萬輛的紀錄。福斯汽車是產製大眾車的公司，車款適合一般大眾乘坐。繼Beetle之後，福斯汽車又因Golf再次受到矚目。1974年推出的Golf是小型的掀背車款。車體大小適中，經濟性和實用性強所以大受歡迎。截至目前為止，該人氣車款總共售出逾3600萬輛。Golf問世後，許多公司模仿Golf製車。

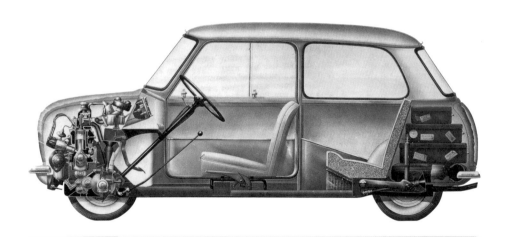

英國的國民車 Mini 與義大利的國民車 500

像福斯Beetle一樣，任何人都可以便宜購得的小型車作為國民車而大受歡迎。英國路華（Rover）產製的Mini和義大利飛雅特產製的500車款也在各別國家扮演了國民車的角色。這些車款現在依然在生產，但不是原封不動生產以前的車，而是繼承名字與外觀。不同於過去的大眾車，現在這些車款變身為小巧亮麗的車子，專攻特定階層來販售。

大眾車和
7萬元左右的汽車

汽車曾經是奢侈富裕的象徵，但現在是生活必需品，舉例韓國大部分的家庭都有車。任何人很容易就開得起的車子就稱為大眾車。當然，也有很多人對駕駛豪華汽車情有獨鍾。

現代汽車

🚗 什麼是大眾車

現今，大部分家家戶戶都有一輛車。汽車必須人人買得起，所以不能太貴，唯有價格適中，購買才沒有負擔。價格合理，普通人都買得起的車子，稱為大眾車。

為了讓大多數的人有好感，大眾車的外觀設計也不錯。車子的性能不是非常強大，但充分符合日常生活中的開車需求，可以舒適乘坐且輕易駕駛。

🚗 負擔輕的大眾車

現代生活中，沒有車就寸步難移。由於汽車是生活不可或缺的必需品，作為大眾車若價格昂貴的話不易銷售。因此從製作時就得思考盡量降低價格的方法，避免使用昂貴的材料，大量生產以降低價格。舉例來說，韓國汽車公司全部製造大眾

車。現代汽車、起亞、韓國通用、雙龍汽車、雷諾韓國都是大眾車公司。其他國家則有例如通用汽車、福特、豐田、日產、本田、福斯等。

7萬元左右的塔塔和70萬元左右的準中型汽車

印度汽車公司塔塔產製的「Nano」是世界上最便宜的車子。2008年剛上市時，售價為新台幣7萬元左右。其構造很簡單，品質為普通水準，甚至被稱為摩托車套上汽車外殼的車子。有這麼便宜的車，相對地昂貴的車子也很多。

汽車的價格隨各公司或車款而異。車子愈大愈高級，價格也會愈貴。以韓國市場舉例，車身小巧的輕型車，基本款只要折合新台幣40萬元左右出頭就能買到。現代汽車Avante之類的大眾款準中型汽車價格約為新台幣70萬至80萬元。車體大小相似的BMW 3系列則價格超過兩三倍，達新台幣200萬元左右。

現代汽車中型轎車Sonata的價格在新台幣85萬至115萬元左右，但車體大小相似的高級進口車價格則超過新台幣約150萬元。由此可見國產車和進口車的價格差異很大。進口車從國外進口到韓國需要一筆費用，而且高級品牌的車子原價高，進口過程使得價格更高升。

> **各種車型皆有相應尺度規定**
>
> 根據道路交通安全規則，汽車全寬不得超過2.5公尺，其後輪胎外緣與車身內緣之距離，大型車不得超過15公分，小型車不得超過10公分。小型車全高含置放架不得超過全寬的1.5倍，其最高不得超過2.85公尺；自2008年起新登檢領照之大客車全高不得超過3.5公尺，其餘各類大型車不得超過3.8公尺。

塔塔Nano

BMW 3系列

高級車和
價值數千萬元的汽車

高級車有的是品牌首創，有的是大眾車品牌打造。豐田打造高級品牌凌志，日產打造Infiniti，這些品牌的歷史已有30多年。現代汽車也在2015年打造出高級品牌GENESIS。

法拉利SF90

布加迪Mistral

🌑 高級車昂貴的理由

　　高級車不是單純價格昂貴就好，而是必須長期積累傳統與名聲，獲得大眾的認可。勞斯萊斯、賓利、賓士、BMW、奧迪、凱迪拉克、林肯（Lincoln）、捷豹等都是延續悠久傳統的高級車品牌。

　　高級又強大的車子使用優質材料，加入許多尖端技術且更加傾注心力製作。價格不斐的高級車並非機器，而是經由製車技術卓越的職人之手的成品。有的車由一人負責組裝引擎，完成後將製作者的名字做成名牌，貼在引擎上。製作一輛勞斯萊斯，需要18頭小牛的皮革。頂級車極為昂貴，不是隨便誰都買得起，生產量也不多。由於產製不多，價格當然也就更貴。

價值數百萬元以上的高級車

賓士或 BMW 等高級車中，大型轎車超過新台幣約 500 萬元。勞斯萊斯或賓利等高級車專門品牌產製的汽車價格高達新台幣約 750 萬至 2000 萬元。勞斯萊斯 Phantom 的價格更是超過約新台幣 3000 萬元，足以購買 70 輛新台幣約 40 萬元的輕型車。韓國國產的大型豪華轎車價格昂貴，GENESIS 產製的 G90 是最昂貴的車款，價達 1 億 6700 萬韓元（折合新台幣約 395 萬元）。

數千萬以上的高級跑車和超過數億元的古董車

法拉利製造的車子約為新台幣 700 萬至 1500 萬元，法拉利的競爭對手藍寶堅尼也差不多價格。布加迪產製全球最強勁快速的跑車，為動力超過 1000 馬力、最高時速超過 400 公里以上的超高性能汽車。布加迪產製的汽車價格折合新台幣約數千萬至數億元。此外，帕加尼（Pagani）、科尼賽克（Koenigsegg）等年產量不過數輛車子的高級跑車品牌，車子價格折合新台幣約 3000 萬至 9000 萬元左右。

真正貴的車是古董車。很久以前產製的汽車沒有報廢，保存完好的汽車稱為古董車。歷時愈久，古董車的價值愈高。古董車通常是數十年前上市，也有逾百年的車子。古董車有個人買賣，也有拍賣。昂貴的古董車價格為新台幣數億至數十億元左右。

賓利Batur

世界頂級車
——勞斯萊斯

人們經常用豪華或卓越來形容高級車。賓士、BMW、奧迪等品牌皆屬於這類豪華或卓越品牌。更高階的車子會以「尊榮（prestige）」來形容。勞斯萊斯和賓利則是尊榮等級的代表品牌。

勞斯萊斯Phantom

🔵 比豪華更勝一籌的「尊榮」

尊榮（prestige）汽車之中勞斯萊斯是公認的頂級品牌。勞斯萊斯擁有悠久的傳統，積累了尊榮汽車的高知名度。尊榮汽車不僅使用優質材料，而且主要為手工製作，所以價格不斐。勞斯萊斯Phantom通常約為新台幣3000萬元以上。賓士S-Class算得上是高級車的代表車款，昂貴車型也僅約新台幣750萬元，由此可見勞斯萊斯有多貴。

🔵 在過去，錢多也未必能擁有

為樹立聲譽，勞斯萊斯一直秉持嚴格標準，曾經不是只要錢多就可以購買，而

是只賣給經判定具備駕駛勞斯萊斯資格的人。甚至曾有著名演員想買勞斯萊斯，卻因資格不符而買不到。

　　勞斯萊斯是王室或各國元首主要使用的車子，由於只有少數知名人士得以擁有，勞斯萊斯自然而然被視為最佳品牌汽車。雖然現在成為情況允許就任何人都能買的車子，但最佳汽車的名聲依然存在。

🔘 使用極佳材料，大部分手工製作

　　勞斯萊斯的座椅使用小牛皮，一輛車使用近20隻小牛。由於皮革不能有傷痕，所以只使用在無圍籬田野放牧的小牛皮革；諸如此類，每一樣材料都精心製作。手套箱墊以衣索比亞產的羊皮製作、踏墊以科羅拉多產的羊毛製作、以從熱帶海洋取得的珍珠貝殼製作塗裝，毫不吝嗇地使用各種珍貴材料。

🔘 以追求完美聞名

　　據說，曾有一名男子開乘勞斯萊斯橫越沙漠時，車子半途無法繼續行駛。用無線對講機求救後，過了一會兒來了一台飛機，將勞斯萊斯新車放下就離開。順利結束旅行的男人，為處理帶來新車一事而與勞斯萊斯聯繫。勞斯萊斯方佯裝不知情，並且表示：「顧客，勞斯萊斯絕對不會拋錨。」 雖然不確定這是真實或捏造的故事，但從此可以一窺勞斯萊斯的完美服務程度，以及其對自家產製汽車的自豪感有多高。

🚗 「在路上跑的別墅」勞斯萊斯的歷史

勞斯萊斯是由英國曼徹斯特手工製作汽車的電氣工程師亨利・萊斯和倫敦貴族出身的汽車賽車手查爾斯・勞斯在1906年共同成立的公司。

他們製作出無論跑多快都不會發出聲音、車內水杯不會晃動的車子。他們製成的車子十分舒適豪華，所以被譽為「在路上跑的別墅」。

勞斯萊斯自1914年起開始產製航空引擎，1940年代開發渦輪扇發動機，1966年成為世界第2大飛機引擎公司。目前，飛機與汽車是分開的部門。

只生產SUV的吉普，
只生產跑車的法拉利

汽車公司之中有專門只製造跑車或SUV等特定汽車的公司。
當然，起初是因為規模不夠大，無法製造各種汽車。但在成
為世界級公司的今日仍是為了專注於優勢而只產製特定類型
的汽車。

荒原路華Defender

🔵 只產製轎車、掀背車、SUV、迷你廂型車等特定樣式

汽車的型態五花八門。轎車分為引擎室、座艙、貨艙。掀背車和轎車一樣，但
後行李廂的空間未突出。SUV的外觀像掀背車，但車身較高。跑車的車身比轎車低
扁，且有2扇車門；迷你廂型車的車身長，有如拉長的SUV，可以多人乘坐。

🔵 只產製SUV的吉普和荒原路華

自數十年前，吉普（Jeep）和荒原路華就只產製SUV。SUV原本是行駛在荒野路
上的汽車，構造與轎車之類的乘用車不同，適用技術也相異。這些公司未將目光轉
向轎車，只專注在SUV上。

荒原路華產製 Range Rover 之類的 SUV，屬於高級豪車。它行駛在崎嶇險路上的性能卓越，以世界最佳汽車勞斯萊斯來比擬，被譽為「沙漠中的勞斯萊斯」（現在勞斯萊斯也生產 SUV 車款 Cullinan，「沙漠的勞斯萊斯」一詞之真正主人問世）。

扁平跑車專業公司

法拉利、藍寶堅尼、保時捷等數家公司本來只產製扁型跑車。跑車的性能比一般車子強得多，外型輕靈俐落，製作不易所以主要由特定企業產製。跑車是強力又敏捷的汽車象徵。不同型態的車子難以發揮與跑車同等級的性能。為避免損及強力敏捷的公司形象，所以跑車企業不太生產其他車款。

不同於吉普或荒原路華目前依然只產製 SUV，生產跑車的企業也開始製作其他車款。代表性的企業是保時捷。保時捷原本只產製扁型車，後來開始生產 SUV，推出 SUV 車款 Cayenne。保時捷的 SUV 性能強大，切合公司性質。跑車企業只產製少量跑車，深受銷量影響，SUV 市場開始擴大後，便吸引企業投身產製暢銷車款。隨著保時捷 Cayenne 的成功，其他跑車企業也開始產製 SUV。原本只生產轎車與跑車的捷豹和瑪莎拉蒂，還有只生產扁型跑車的藍寶堅尼和法拉利都紛紛推出 SUV。

吉普車和 Bongo 廂型車的由來

以某公司產品代稱全部相似產品的情形，稱為名祖（eponym）。人們將 SUV 稱為「吉普車」。「吉普車」一詞源自吉普（Jeep）品牌之名。吉普原先為以 SUV 聞名的公司名稱，後來成為約定俗成的一般名稱。馬自達汽車所推出的 Bongo 在當年是暢銷車款，Bongo 幾乎也成為稱呼此類型車的代名詞。

法拉利296 GTB

法拉利F8 Tributo

汽車廠徽上
常見的動物圖樣

汽車各有各的獨特象徵，稱為廠徽。廠徽上常見到動物，這是因為汽車敏捷又強而有力，遂將這類動物視為象徵。以下將介紹廠徽呈現的汽車個性。

捷豹

保時捷

汽車獨有的象徵

　　汽車品牌有象徵的標示稱為廠徽（emblem），用來在汽車的進氣格柵或輪圈上標示車子的品牌。推出特別車款或紀念車款時，有時也會特製專屬該車的廠徽。

　　無論如何，汽車的特色是快速奔馳的速度。速度快的汽車加上令人嚮往的動物作為廠徽，這類例子其實屢見不鮮。

法拉利和保時捷的馬

　　馬是自古以來最常用來作為交通工具的動物。在汽車問世之前，由馬匹拉的馬車是最重要的交通工具。用馬作為廠徽的品牌有法拉利和保時捷。

118

法拉利的馬是創始人恩佐·法拉利（Enzo Ferrari）在身為賽車手的活動時期，受一位夫人勸說而開始使用。巴拉卡伯爵夫人（Countess Paolina Baracca）的兒子原為戰鬥機飛行員，後來戰死沙場，伯爵夫人請恩佐·法拉利將貼在自己兒子戰鬥機上的馬圖樣用作幸運的象徵。恩佐將馬畫在故鄉摩德納（Modena）的象徵色黃色上，完成廠徽。

保時捷的廠徽是1950年代將保時捷進口美國之人，委託保時捷博士繪製標誌（logo）而誕生。保時捷博士在紐約一間餐廳親自畫了一匹馬。黃底黑馬是保時捷總部所在地德國斯圖加特（Stuttgart）地區的紋章，斯圖加特在10世紀左右為供應騎馬隊馬匹的地區。這兩者結合起來，造就今日保時捷廠徽的誕生。

法拉利

美國著名的大眾跑車福特野馬（Ford Mustang）也用馬作為廠徽。被視為韓國國產車始祖的現代汽車Pony，名字意即小馬。

⚫ 寶獅的獅子和美洲豹

汽車廠徽也經常使用快速飛天的鳥圖樣，主要是展翅型態。賓利、MINI、GENESIS、奧斯頓馬丁、克萊斯勒的廠徽皆是翅膀外型。法國的寶獅使用獅子圖樣的廠徽，獅子是寶獅工廠建立地貝爾福（Belfort）的象徵動物。

捷豹乾脆以動物名來命名品牌，原名「燕邊車（Swallow Sidecars）」，縮寫為SS。後來，第二次世界大戰期間屠殺無數猶太人的德國納粹親衛隊（Schutzstaffel）登場，縮寫也是SS。於是，公司遂將名字改成捷豹。

寶利

賓士、BMW和奧迪的廠徽

賓士的廠徽是圓框內有一顆三芒星，蘊含想要成為陸海空世界第一的渴望。BMW在黑色圓圈內藍白相間的標誌則眾說紛紜，據說這是取自BMW工廠所在之巴伐利亞地區的標示。奧迪原是由德國薩克森地區4家汽車公司組成的公司，所以廠徽有4個圓圈並連。

全球最暢銷的車

汽車在1885年首度發明。往後至今約140年間，產製銷售的汽車數不勝數。人氣不佳的車子有時在第一代就結束，銷售量低的車子往往會直接終結不再產製，或者誕生為全新的其他車款。

豐田Corolla

福特F系列

福斯Golf

暢銷車的共同點是大眾車

汽車保持相同名字而將車子的性能或外型做出新變化，就代表著一個世代的推進。第2次改款的車稱為第2代，歷經9次改款的車稱為第9代。與時俱進，不斷推出的車子，意即很受歡迎。跨越世代持續暢銷的車子，其共同點是大眾車。

大眾車指的是價格適中，一般人可以負擔得起的車子。昂貴的跑車或高級車是針對部分階層而製，所以銷售量不大。大眾車之中，暢銷車在價格、性能、設計、內部空間等多方面的滿意度高，所以賣得很好。大眾車雖只是一般車款，但只要賣得好就能成為汽車史上最暢銷的特別車款。

銷量突破1000萬輛的汽車

汽車能銷售破1000萬輛確實是大賣。早期打開汽車大量生產之路的福特T型車、福特Fiesta、福特Focus、豐田Camry、本田Accord、福斯Jetta等銷售超過1000萬輛。這些車依然保持同名。由於持續深受歡迎，也出現突破2000萬輛銷量的車子。本田Civic的銷量已達2750萬輛的紀錄，正在向3000萬輛邁進。韓國國產車也有突破1000萬輛的車子。現代汽車的準中型輛車Avante自1996年首度上市以來，銷量已達1500萬輛左右。

全球最暢銷的車──豐田Corolla

銷量突破3000萬輛的汽車有4款。全球最暢銷的車子是豐田Corolla。1966年首度上市，現已推出第12代車款。按人的年齡估算，相當於50多歲。Corolla在56年間的銷量超過5000萬輛，幾乎每40秒就賣出一輛。現在依然一直暢銷，該數字也持續變化。

其次暢銷的是福特F系列皮卡車。皮卡車指的是後方帶有開放式載貨區的車。不同於主要商業用的貨車，皮卡車是個人駕駛的車子。皮卡車在美國最暢銷。美國幅員廣闊，但宅配文化不發達，所以個人親自搬運大件物品的情況很常見。此時，皮卡車非常有用。其中，福特F系列最受歡迎。F系列皮卡車在1948年推出，現齡76歲，歷經改款14代。

第三暢銷的車子是福斯Golf。Golf是短尾的乘用掀背車，銷量超過3600萬輛。1974年上市，現齡50歲，現推出至第8代。福斯中型輛車Passat也售出3100萬輛。

各國總統都坐什麼樣的車？

總統乘坐的汽車做得十分堅固且加強各種裝置，為的是在危急時能夠發揮效用。就像軍警穿防彈衣保護自己中彈也能安然無事一樣，總統乘坐的車子是以防彈車的規格來製造。

凱迪拉克總統豪華禮車

賓士S-Class Guard

總統的防彈車與富人的防彈車

不僅總統會乘坐防彈車，政府高層人士或富人亦然。雖然我國治安較佳，但許多國家並非如此。在恐怖攻擊危險高、處於紛爭或可以任意攜帶槍械的國家，防彈車賣得很好。

汽車企業為不同階層產製各種防彈車。在美國或歐洲，防彈車也分等級；B4可以防手槍子彈；B6、B7還能承受炮彈或地雷攻擊。總統乘坐的車子主要是B7等級。

能抵禦炮彈和地雷的防彈車

防彈車不僅要能承受子彈，而且車底堅固，確保在地雷或炸彈爆炸時依然安

全。即使爆胎也能繼續行駛。防彈車還必須經得住毒氣攻擊，並且為了緊急逃生，玻璃會在發生緊急情況時自動脫落。

防彈車配備滅火系統，引擎室著火會自動噴灑滅火液，除煙系統可消除車內產生的煙霧。由於安全裝備繁多，車體重達3至4噸，比大小相似的一般汽車重兩倍左右。要承受如此沉重的車體，動力必須極佳。

格調與性能一樣重要

不是只要防彈性能好，就都可以作為總統座車。總統代表國家，所以車也要符合格調。總統座車主要使用勞斯萊斯、賓利、賓士、BMW、凱迪拉克、林肯等高級車。若獲選定為總統座車，對汽車公司來說是莫大光榮。

各國總統主要乘坐自家的國產車。美國總統拜登乘坐凱迪拉克，德國總理乘坐賓士。英國王室會從世界頂級車知名的勞斯萊斯或賓利中選擇。法國雖然有寶獅和雷諾等汽車公司，但因為這些公司不產製大型車，法國總統乘坐的是名為DS 7的中型SUV。DS 現為斯泰蘭蒂斯集團旗下的子品牌。

法國

世界三大跑車公司

競賽用汽車簡稱為賽車。跑車是為了讓一般人也能乘坐賽車
而誕生，跑車的外觀像賽車一樣輕靈俐落，可以高速行駛。
近來不僅年輕人，較年長的人也經常駕駛跑車上路。

法拉利SP48 Unica

藍寶堅尼Terzo Millennio

🚗 跑車和賽車的歷史相同

　　賽車的歷史幾乎與汽車的歷史並行。競爭是人的本能。隨著汽車的出現，較量
誰跑得快的賽車也出現。福特創始人亨利‧福特（Henry Ford）曾說：「在製造出第
二輛汽車的5分鐘後，賽車就開始了。」意思是，當世界上有兩輛汽車也就開啟了競
爭。汽車公司為開發技術、宣傳公司而參與賽車，也讓可以在一般道路上行駛的賽
車亮相，所以跑車是在賽車的基礎上自然產生。

　　最早的跑車不確定是什麼樣的車。自1900年代初期起，可稱得上跑車的車子開
始一一問世。塔特拉（Tatra）Rennzweier（1900）、Mercedes-Simplex 60hp（1903）、
Vauxhall Prince Henry（1910）等都算是初期跑車。

全球最著名的跑車公司——法拉利

1929年，義大利的恩佐‧法拉利將車借給賽車選手，組成法拉利賽車隊（Scuderia Ferrari）。法拉利以這支賽車隊為基礎，在1947年用自己的名字成立跑車公司。

法拉利以在賽車中累積的技術實力為基礎，打造優美造型的賽車，從而名聲大噪。法拉利現今仍在經營F1大獎賽（Grand Prix）車隊。法拉利一度曾將一年生產的車子數量限制在7000輛，目的是減少產量，提高價值。由於大受歡迎，自2019年起增加至1萬輛以上。

與法拉利齊名的藍寶堅尼

藍寶堅尼成立於1963年，曾打造出Miura、Countach、Diablo等為汽車史增添光彩的名車。藍寶堅尼車款的特點是銳利的楔形車身和稜角線條，正統跑車只製作兩款，目前銷售的車款是Huracán和Aventador。自2018年起也銷售SUV Urus。

保時捷博士打造的保時捷

德國著名跑車公司保時捷打造出舒適又易於操作的跑車，可讓人享受速度，又適合平時駕駛。保時捷始於1931年費迪南‧保時捷博士在德國成立的保時捷工程事務所。1948年製作356跑車時，正式使用保時捷的名字。1964年推出的保時捷911以蛙眼型頭燈為特徵，至今仍是保時捷的代表車款。

保時捷Taycan

披著羊皮的狼
——高性能車款

世界上的汽車大致可分為兩種，跑車和非跑車。跑車性能卓越，動力強大且行駛速度快。通常跑車只能乘坐兩人，車身低，幾乎沒有行李廂。汽車的基本特性是動力與速度，雖然跑車可以同時享受兩者，但要當作日常用車並不方便。非跑車則相反，可以多人乘坐，行李空間充裕，車內空間也綽綽有餘。

賓士Mercedes-AMG GLE

BMW M4

🚗 雖然是一般汽車，但性能相當於跑車水準的車子稱為高性能車款

BMW M、賓士Mercedes-AMG、奧迪RS、凱迪拉克V、捷豹SVR、凌志F、豐田GR、MINI JCW、現代N等皆屬高性能車款，將一般車款的動力增強，配置調成為與跑車相似。平時可像一般汽車使用，但想要享受性能時，可如同跑車般駕駛。高性能車款的外觀與一般車款差不多。雖然外貌平凡，但性能強大，故有「披著羊皮的狼」之別名。對跑車與眾不同的外觀感到負擔者，會尋找這類負擔較少的高性能車款。

🚗 高性能車款動力強大

BMW M5 Competition車款的輸出功率為625馬力，高達超級跑車的水準。從靜止狀態到時速100公里，只需3.3秒。基本型520i的輸出功率為184馬力。M5的輸出功率高達3倍以上。高性能車款性能增強，裝潢高級，價格也貴。520i的價格約為新台幣290萬元，M5 Competition的價格將近3倍，達新台幣765萬元。

🚗 BMW發展高性能車款

BMW M自1972年開始成為負責BMW賽車運動的子公司。其原本產製參加賽車的車子，1978年首度開發出商用車款M1。M1不是將一般車款換成高性能的車子，而是從一開始就推出高性能專用車款。改造一般車款的高性能車款，則屬1979年推出的M535i。5系列改成高性能車款後大受歡迎。1986年亮相的M3是最能表現M車系精神的車款，長期以來一直被視為高性能車款的代名詞。

🚗 汽車改裝公司AMG是賓士的子公司

AMG是1967年成立的汽車改裝公司，比M更早成立，由賓士職員奧弗雷希特（Hans Werner Aufrecht）出走創設。AMG在1960年代末改裝300 SEL，參加比賽，取得優異成績。人們對這輛大型轎車快速行駛的模樣印象深刻，由於車身的顏色，戲稱它為「紅豬（Red Pig）」。AMG自1980年代起與賓士合作，1993年首度推出車款C36 AMG。目前AMG是賓士的子公司，生產多種AMG車款。AMG以「一人一引擎」的哲學聞名，由一名工程師負責一個引擎的整體製作過程。

奧迪RS6

電動車與高性能車款

電動車也出現高性能車款。BMW i4 M50、iX M60、Mercedes-AMG EQS 53、奧迪RS e-tron GT等皆是高性能電動車。電動車無引擎，所以沒有高性能汽車的重要特徵——強烈的排氣音，而是以人工製造聲音來取代，藉此產生充滿活力的躍動感。

舉世無雙的專屬汽車
—— One-Off車款

拜大量生產之賜，才能以平價購得汽車。汽車大量生產時，可以減少成本並降低價格。能以平價買車雖好，但同款式的車子一多，實難突顯個性。有的人想要開與眾不同的車子，所以偏好特殊的車款。

勞斯萊斯Sweptail

藍寶堅尼SC20

賓利Bacalar

One-Off汽車以手工客製訂購者想要的設計和性能

高級車公司接受欲購買特殊車款者的訂單，買家可以任意指定內外裝顏色或配備選項。即使車款相同，變化顏色或配備選項也能打造出全然不同的車子。有時也會以其他方法推出僅僅製作數十或數百輛的限量版。全世界只有極少數人可以擁有，所以限量版十分珍稀。

尋覓珍稀汽車的收藏家，對限量版仍不滿足。他們想要世上絕無僅有的個人專屬車。汽車公司為其打造獨一無二的車子，車款套用「One-Off（一次性）」一詞，稱為One-Off汽車。這類車款是按照訂購者希望的設計和性能來打造。由於車廠不可能單單只為製作一輛車而鋪設組裝線，因此，大部分的工序皆以手工客製完成。無論打樣、設計、零配件、組裝，都是專為一台車量身訂做，所以價格極高，通常從新台幣數千萬至數十億元不等。

世界頂級汽車公司的One-Off車款

One-Off車款價格不斐，必須具備公認的高檔等級和價值。若非頂級品牌，很難滿足這樣的條件。勞斯萊斯、賓利、法拉利、藍寶堅尼之類的昂貴頂級車或超級跑車製造商才是推出One-Off車款的主力。有時是接受客戶下訂，有時則是預先製作好再販售。One-Off車款可用以彰顯汽車公司的實力，宣傳其卓越的製車系統與技術。悠久傳統也會應用在One-Off車款中，使公司價值更廣為人知。

勞斯萊斯是世界首屈一指的頂級品牌，其在2017年推出Sweptail車款，一方面反映高級車與遊艇的特性，一方面充分展現1920至1930年代的風格。Sweptail車款光是製作就耗時4年左右，價格高達1300萬美金，折合新台幣約4億元。

Bacalar是賓利的客製One-Off車款。雖然生產數量為12輛，但每一台的設計都為顧客量身訂做，展現獨有的特性。

藍寶堅尼則推出SC18和SC20兩種One-Off車款。

積極推出One-Off車款的公司——法拉利

法拉利將少量生產高價超級跑車的經驗，直接運用在One-Off上打造出特殊車款。SP12 EC是接受著名歌手艾力克‧克萊普頓（Eric Clapton）訂製的車款。SP30為石油大亨兼知名法拉利收藏家奇拉克‧阿利亞（Cheerag Arya）所訂製。此外，法拉利也推出P540 Superfast Aperta、SP38 Deborah、P80/C、SP48 Unica等多樣的One-Off車款。截至2022年為止，法拉利打造的One-Off車款已達20餘輛。

汽車公司產製的
其他交通工具

汽車是在交通工具不斷發展的過程中誕生。在用人力驅動的
自行車上安裝引擎,所以出現了摩托車。摩托車發明後技術
持續發展,又再開發出汽車。相對地,產製汽車也讓製造交
通工具的實力提升,所以有時也會一併製作汽車之外的交通
工具。

本田噴射機

🏍 摩托車與汽車密切相關

摩托車和汽車的車輪數目不同,但同樣運用引擎來行駛。有的自行車或摩托車
製造公司,後來也成了汽車公司,製造汽車同時繼續從以前就產製的摩托車事業。
BMW和本田是製造摩托車的代表性汽車公司。這些公司自早開始製作,推出的摩托
車被認可為高水準的產品,因為將產製汽車時使用的尖端技術也應用在摩托車上,
所以技術水準很高。

本田也製造飛機

除了製造汽車和摩托車之外，本田公司也製造飛機。自2012年起，本田開始銷售自製的7人座輕型商務噴射機（HondaJet）。在出售飛機的同時，本田還向買家進行飛行駕駛訓練。本田在飛機領域展現了專業面貌，可說既是汽車公司，同時又是飛機公司。雖然同樣是交通工具，但汽車公司製造飛機並不容易。本田噴射機的開發始於1986年，製作飛機花了25年，時速達到780公里左右，飛行距離可達2660公里。

自曳引機公司起家的藍寶堅尼

藍寶堅尼是製造低扁極速跑車的公司，也製造曳引機。製造跑車的公司居然製造曳引機，很奇怪吧？藍寶堅尼原本是製造農耕用曳引機的公司。創始人費魯齊歐·藍寶堅尼透過產製優良的曳引機賺了大錢，還成立汽車公司。雖然現在藍寶堅尼以跑車公司更出名，但依然在製造曳引機。

製造出世界上最快速割草機的本田

從車輪行駛和馬達驅動的方面來看，割草機也可以說是汽車的一種。本田製造的「割草機（Mean Mower）」以世界上最快的割草機聞名。第1代車款的平均最高時速達到187.6公里，刷新金氏紀錄。第2代車款的速度提升到時速243公里，速度與汽車一樣快。

本田割草機　　　　　　　BMW摩托車　　　　　　　藍寶堅尼拖拉機

汽車漫談4

汽車的
製造生產過程為何？

汽車是複雜的機器

　　汽車的產製過程是怎樣的呢？從設計師腦海中的靈感，一直到真正化為汽車，其中歷經諸多工序。打樣、設計、組裝等每個環節都必須通過多項測試。

　　汽車是由2至3萬個零配件組成的機器，極為精密。製造一輛汽車需要很長的時間，過程也很複雜。

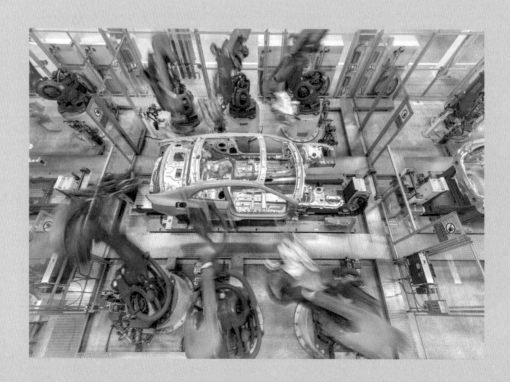

作業 1：打樣確定外觀

製造汽車時，首先進行打樣作業，確定外觀。繪製草圖把想法具體化，然後以膠帶繪製出實際汽車大小。再以電腦製作3D造型，使其更接近實物。近來虛擬實境發達，用電腦影像讓打樣看起來就像真實的車，然後進行評估。確定外觀後，用黏土製作與實際車型相同的模型。

作業 2：符合打樣的工學設計

打樣結束後再做設計，加入工學因素來決定車體如何製作。車子在行駛時會產生噪音和震動，設計階段要研究盡量避免這類噪音和震動的產生，以及決定車子裝配的引擎和變速箱。此外，也要決定各個零配件的製造和應用方法，還有經歷考量坐姿或保留空間等眾多要素的過程。

作業 3：經過無數次試驗檢查異常

歷經打樣和設計過程後，便是具備大致功能的汽車雛形，這時要正式測試汽車有無異常。承受的空氣阻力係數多大、在冷熱地方的耐受程度如何、下雪或下雨時有無滲漏之處、對道路狀態是否反應良好、碰撞時是否安全、能否順利通過凹凸不平的路、輪胎是否充分發揮性能等，這些都是要經歷的試驗過程。

汽車公司會把車子帶到炎熱沙漠或寒冷極地進行測試。在這樣的地方行駛數十萬公里，看看車子有無異常、零配件是否能良好承受。現今電腦科技發達，有時不用直接到測試場所，而是以虛擬方式取得結果。

作業 4：組裝和最後的檢查

繼打樣、設計和測試，下一步是組裝。將鐵板按照車子的外型裁切然後上漆。引擎和各零配件也全部按照位置放入。產製的車輛有無瑕疵、有無漏水之處、引擎是否正常運轉，這些都要經過最後的檢查。製造完畢後交車給買主，買主可以直接前往工廠或在離家近的地方取車。

第5章

有趣的
汽車故事

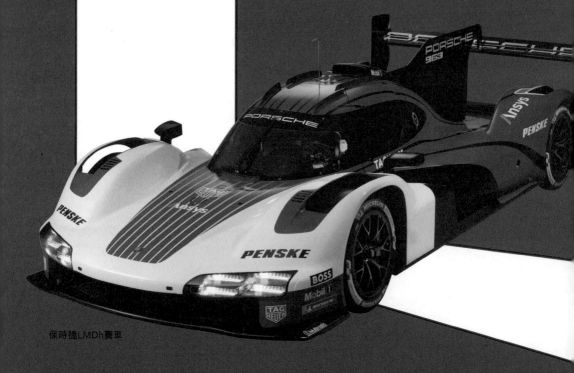

保時捷LMDh賽車

汽車像是裝滿趣味內容的故事箱。汽車發明歷史悠久，技術日新月異，眾多公司推出各式各樣的無數車款，相關職業五花八門，且與法律、文化也有關聯，所以其中的趣味故事層出不窮。你是否曾經想過：為何輪胎只有黑色？頭燈以往是黃色燈光，從何時起白色變得愈來愈普遍？輸出功率和扭力都是動力，兩者差異為何？通常車子老舊會報廢，為何有的車卻隨歲月變得更貴重？明明還能多坐10人的車，為何只坐5人？汽車世界愈挖掘，愈能發現更多趣味橫生的真相。在尋找正確答案的過程中，一起深深感受汽車的魅力。

已經有安全帶
為何還需要安全座椅？

汽車快速移動，所以時時存在著事故風險。汽車必須配有安全裝置，最基本的安全裝置是安全帶。雖然可能覺得有點不便，但安全帶是守護生命的寶貴裝置。

富豪Amazon

🚗 最基本的安全裝置

　　安全帶是用帶子將乘車者的身體固定在椅子上的裝置。當車撞到某處時，安全帶會緊緊拉車內的乘車者，不讓人衝破窗戶彈出去。車子搖晃時，安全帶也可以緊扣不讓身體移動，讓駕駛過程更順利。

　　安全帶最常用三點式，指的是固定的地方有3處。仔細看乘車時繫上的安全帶，其構造為原先固定在車柱和座底，拉拽後插入另一側。

　　兩點式主要見於巴士，構造為連結腰部兩側。以前在乘用車後座中間的位置使用兩點式，近來後座中間的位置也使用更安全的三點式安全帶。事故風險極大的賽車則設置有4個或6個固定處的四點式或六點式安全帶。

汽車最初發明時無安全帶

一開始，汽車速度緩慢，發生事故也不會造成嚴重的危險情況。自1930年代起，汽車性能提升，賽車變得活躍，車子的速度也愈來愈快。事故使得車子彈起或旋轉時，經常發生人彈出去的狀況。

最初，駕駛人自行製作安全帶繫上。自從德國出現無速限高速公路（autobahn），速度競逐變得愈來愈激烈。1936年，瑞典富豪汽車的職員開始在行駛高速公路的車子上安裝兩點式安全帶，這是正式的安全帶初始。三點式安全帶是在歷經很長一段時間後，由富豪於1959年初次開發。Amazon 120、PV544等車首度配備安全帶。

因為有安全氣囊 安全帶更加不可或缺

安全氣囊是車子某處遭撞擊時，囊中的空氣膨脹鼓起，避免車內乘車者受傷的裝置。安全氣囊會在衝擊一傳到車子就瞬間膨脹，其力量極為強大。如果未繫安全帶，可能會因為膨起的安全氣囊而受傷。近來，安全帶會在事故發生時自動拉緊，讓人緊貼椅子避免彈出去。有的車還將安全氣囊放入安全帶裡頭，諸如此類的安全帶功能愈來愈多。

兒童必須坐安全座椅

安全帶要合身才能見效。安全帶下面部分要繫住的位置是從骨盆一側至骨盆另一側。如果繫至腹部側，事故發生時更容易重傷。

成人用安全帶不合兒童的身體，有時會掛到頸部，事故發生時非常危險。嬰兒或兒童必須坐安全座椅，直到身高和身體成長到一定程度才行。安全座椅上另裝有適合兒童體型的安全帶。

孕婦繫安全帶的方法

懷著孩子的孕婦要適當維持肚子與方向盤的距離，腳踩踏板才方便。腰部安全帶拉到大腿根上方，扣上後拉緊，絕不能將安全帶橫跨腹部。上身安全帶橫跨胸間，置於腹部側面，然後拉緊。肩部安全帶不能從手臂下方或背後穿過去，如此才能保護孕婦和胎兒。

車牌的顏色
為何會有不同？

每輛汽車有自己專屬的號碼，也就是車號。汽車必須在前後
貼上印有該號碼的車牌，無車牌的車子不得行駛在道路上。
不過，車牌的顏色和形狀略有不同，究竟差別為何？

🌏 輔助區分是誰的車

　　房子一直有人住在裡頭，樹立一處，無須另行區分標記。汽車則持續移動，
所以要在任何地方都能知道是誰的車，必須有輔助區分的方式。暢銷車1年賣10萬
輛，意即道路上至少有數千輛顏色形狀相似的車，明確區分是誰的車有其必要。

　　買了汽車，任何人都得掛上車牌才能行駛道路。無牌照的車子不能上路。若是
剛買的新車，會先貼上臨時車牌，但臨時車牌只能使用5至15天，到期應繳回監理
機關。

車牌顏色和標示的意義

在台灣，一般自用小客貨車的車牌是白底黑字，營業用小客車（計程車）則是白底紅字。

綠底白字的除輕型機車外，都是營業車輛。電動車專用號牌會於上下方加上綠色邊框，並標註「電動車」字樣。身心障礙車為白底黑字，第一碼英文字母固定為W（Welfare）。

特殊車牌中標示「使」字的為邦交國駐台外交使節用，享有民事跟刑事的豁免權；非邦交國、只為代表處的則是「外」字牌。

車牌有如身分證

台灣車牌的形狀皆為橫向長方形，依不同車型有幾種尺寸。2012年頒布了第八代規格，字體也改採用「澳洲字體」。

車牌除了有顯示哪輛車屬於誰的功能之外，還有其他作用。超速照相機會拍攝車牌取締。發生使用汽車的事故時，也可以依據車牌抓犯人。

車輪爆胎
還可以行駛嗎？

汽車車輪為金屬製的堅硬輪圈外覆橡膠製的輪胎，輪胎面接道路和汽車車體。根據輪胎的特性，乘車感或運動性能有所不同。道路上異物多，有時會導致輪胎爆胎。

自動密封

自動密封

Selfseal

車輪爆胎

重要而脆弱的車輪

　　車輪堅硬的話，車子會哐哐響使人們乘車不易。為求柔軟，輪胎以橡膠製成，不過橡膠很容易毀損，有時會被釘子等尖物刺破，有時撞到突出物也可能裂開。輪胎突然洩氣會使車子失去平衡，陷入極度危險的情況。即使不是突然洩氣，稍微漏氣也會破壞平衡，使車子的移動變得異常。

安全的失壓續跑胎

　　輪胎破損時必須採取緊急措施，用車上的備用輪胎進行更換，或者用修理工具組進行修補。自己操作有困難時，可電洽保險公司。為了避免這樣的麻煩事，遂開

142

發出失壓續跑胎（Run-flat tire，又稱防爆輪胎）。

若安裝失壓續跑胎，即使爆胎，也能以時速80公里的速度行駛。其原理是強化輪胎內的橡膠，即使爆胎也不會使輪胎變形。除了降低事故風險之外，其他優點是無需備用輪胎或爆胎修理工具組。車上不帶輪胎更換工具，行駛時的車身重量減輕，空間也更充裕。

失壓續跑胎也有缺點。輪胎內的強化橡膠比一般輪胎堅實，從道路傳上來的衝擊較大，有時乘車感會變差。BMW是使用失壓續跑胎的代表性企業。

自行修復的輪胎

有的輪胎會自行修復損傷部位，稱為「自動密封（self-sealing）」輪胎或防穿刺胎。輪胎破洞時，原先黏附在裡面的物質會自動聚集到破洞之處，予以密封。失壓續跑胎爆胎的話以後需要修理，但自動密封輪胎則可繼續使用。另有開發出無氣輪胎，由於無空氣，所以也不會爆胎，有著特殊造型的輪輻構造。

開車時爆胎的話

如果輪胎爆胎，空氣會迅速或徐徐排出。汽車快速行駛時，輪胎迅速洩氣會很危險。即便如此也不要慌張，沉著應對才能保持安全。從2015年韓國交通安全公團的實驗結果來看，以時速100公里行駛時，若前輪爆胎，駕駛員因驚嚇而緊急剎車的話，車子翻車的風險更大。慢慢減速的話，即使車子傾斜也可以調整方向，安全移向路肩即可。

為什麼
輪胎是黑色的？

汽車色彩繽紛，常用紅色、黃色、蘋果綠等華麗的顏色，但再怎麼個性奔放的汽車，輪胎總是黑色。難道是怕沾染柏油路上的黑色塵垢，所以輪胎只做成黑色？

🛞 輪胎都是黑色

特別的是，我們見不到非黑色的輪胎。輪胎用天然橡膠或合成橡膠製成，僅此無法獲得所要的特性，所以會加入特殊物質。其中最常用的物質是碳黑。碳黑是從石油提煉的物質，型態為黑色粉末。碳黑與橡膠結合，做成可在道路上滾動的堅實輪胎。

輪胎最初發明時不是黑色。在未使用碳黑的時期，曾使用氧化鋅作為輪胎的增強劑。該物質是白色，所以當時產出的輪胎是白色。1910年，發現碳黑是適合輪胎的物質，之後產出的輪胎全部變成黑色。

VISION概念輪胎

🔧 不同顏色的輪胎

也可以製作非黑色輪胎，例如用矽石物質取代碳黑，輪胎顏色會改變。但由於製作過程繁瑣，費用昂貴，所以幾乎不用。除了矽石，還有白色添加物可以使輪胎變白，但性能比使用碳黑的輪胎差，所以未製成產品。

🔧 尖端技術製作而成

雖然輪胎只是黑色圓圈，但內含許多複雜技術。輪胎的大小或表面花紋對汽車的性能有重大影響，外表可見的黑色橡膠裡頭有各式各樣的物質。輪胎種類可依季節分類，跑車般動力佳的車子另外使用適合的輪胎。賽車使用的輪胎，有的表面沒有溝槽，外觀光滑。輪胎是尖端技術的結晶。

橡膠的朋友 —— 碳黑

在石油或天然氣等含碳物質不完全燃燒時，碳黑如煙灰般出現。碳黑是碳的微粒，顏色深黑。特別的是，將碳黑混入橡膠，橡膠會變得更堅實，耐久性也大幅提升。若添加細粒子碳黑，可製作出結實的輪胎；若添加粗粒子碳黑，則會製作出柔軟的輪胎。

日產Z

有備用輪胎的理由

輪胎的橡膠若被尖銳物質刺到很容易爆胎。為了因應爆胎，汽車會多帶一個備用輪胎。有些輪胎爆胎也不容易洩氣，即使不換輪胎，也能繼續行駛一定距離。

輪胎內空氣的壓力必須維持一定，汽車才能發揮其性能。壓力異常時，容易輪胎爆胎而發生事故。最近的車子上安裝了可以確認輪胎壓力的裝置。

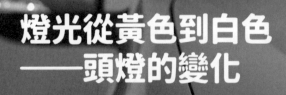

燈光從黃色到白色
——頭燈的變化

汽車會安裝車燈，行駛夜路時照亮前方。汽車史上首次出現的頭燈是使用油燈，油燈容易熄滅，所以使用火苗不易熄滅的乙炔或油。

從鹵素燈泡到雷射

　　像現在使用電力的頭燈在1898年登場。頭燈也是電燈，所以與電燈一起發展。汽車的基本頭燈是鹵素燈泡。鹵素也是白熾燈泡的一種，自1962年起開始使用。

　　HID是比鹵素更發達的型態。如果說鹵素是白熾燈泡的一種，那HID可視為類似螢光燈。1991年BMW 7系列安裝了HID。HID比鹵素燈泡更明亮，夜晚可將前方照得更亮。而且HID耗電少，壽命又長。

　　最近的車子常用LED，LED指的是發光二極管，是會發光的小材料。LED的光量不大，最初主要用於剎車燈或室內燈等不需要亮光的部分。隨著技術發達，現在

LED頭燈

也有頭燈使用LED。在推廣初期，由於設備昂貴，所以只用於一些高級車，現在則廣泛用於大眾車。LED的壽命長，耗電少。最新型態的頭燈是雷射燈，光線可達遠處，能夠照亮前方600公尺。

進化的頭燈

目前為止，頭燈單純只有照亮汽車前方的作用。現在車子左轉或右轉時，頭燈也會一起轉動，進一步拓寬夜間視野。

用頭燈的燈光顯示圖像的功能也出現了。頭燈可發揮多樣功能，如在行進方向的道路上畫箭頭指引，或上下車時用光表示歡迎等。

頭燈禮節

頭燈有遠光燈功能。暗夜打開遠光燈，可以照亮更遠的地方，十分方便。對面來車時，必須立刻關掉遠光燈。因為汽車燈光照到對面駕駛員的正面，會嚴重妨礙駕駛。最近，為了不讓對面的車子感到刺眼，還有自動調節光線照射方向的功能。

BMW雷射燈

天黑時務必打開

天黑時務必打開頭燈。法律也規定了開頭燈的時機，在都市般的明亮之處，不開頭燈也能開車。但如果不開頭燈，其他車子會看不清沒開燈的車子。頭燈有照亮前方的功能，也是告知自身存在的工具。

在陰天較多的歐洲，白天開車也要開頭燈。汽車頭燈也有自動功能，天黑就會自動察知並開啟。

車的前方
也配備行李廂

汽車的空間分為三處：內有引擎的引擎室、人乘坐的座艙、
載貨的行李廂。通常引擎在前，行李廂在後。提到車子載卸
貨，人們會習慣打開後面的行李廂門。以一般的汽車構造來
看，載貨空間只能設置在車後。

福特 F-150 Lightning

在電動車前方設置行李廂——車前行李廂

　　一般觀念是行李廂當然在後面。有的行李廂打破常規設在前面。引擎裝在中間
或後面的跑車，後面沒有作為行李廂的空間，但前面沒有引擎因此可設置行李廂，
由於尺寸不如車後行李廂大，主要用於載小型貨物。設置車前行李廂的跑車為數不
多，一般被認為是特例。

　　隨著電動車的增加，出現了「車前行李廂（frunk）」的新用語，指的是在車的前
面（front）設行李廂（trunk）。電動車用電動馬達取代引擎。電動馬達比引擎小，位
置在車輪附近，原本引擎所在之處挪出空間，電動車就用此處作為行李廂。電動車與
一般汽車的型態相同，後面也有行李廂。由於前後都有行李廂，可使用空間增加。

車前行李廂是可挪用的空間，但目前止於輔助角色

車前行李廂看似單純，但裝設上要考慮的事項很多：究竟要不要安裝、安裝的大小和型態為何、周圍裝備如何配置、載貨時要怎麼做才不會晃或發出聲音、重量分配是否有影響、維修時是否會帶來不便。由於要符合車子的個性與用途，所以不是任何電動車都會安裝車前行李廂。

車前行李廂尺寸更大的電動車 Lightning

汽車即使沒有引擎，前面仍有各種裝置，不易像後面一樣騰出空間。隨著電動車技術的發展和車款的增加，擴大車前行李廂尺寸的車子也陸續推出。福特 F-150 Lightning 電動車的車前行李廂空間為 400 公升，比其他電動車更大。小型轎車的行李廂超過 400 公升，相當於又多了一台車的行李廂設在前方。

收納空間十分寬敞的電動皮卡貨車 R1T

電動車構造簡單，與使用引擎的內燃機汽車相比，零配件少 30%左右，所以會多出相當的利用空間。除了車前行李廂之外，產製電動車的公司也致力創造利用空間。從 Rivian 電動皮卡貨車 R1T 來看，貨車廂和室內空間之間橫跨車身兩側的收納空間十分寬敞。如果電動車持續發展，別出心裁的收納空間也會愈來愈多。

Rivian R1T

福特F-150 Lightning

汽車的動力、馬力和扭力

汽車的動力來自引擎。引擎內部燃料爆炸,動力產生。汽車的動力以馬力和扭力來表示,馬力是汽車能夠產生的最大力量,扭力是瞬間產生的力量。

🛢 反映汽車引擎力量的馬力

汽車擁有強大動力,汽車的動力可說是引擎的力量,而引擎的力量以馬力來表示。「馬力」顧名思義是「馬的力量」,1馬力即1匹馬擁有的力量。

以馬力為單位首度用於英國。詹姆斯‧瓦特發明蒸汽機後,需要表示力量的單位。當時,拉動馬車的馬力氣最大,所以他決定使用馬的力量為單位,將1馬力制定為「1765年1匹英國國產馬產生的力量」,意指拉運貨馬車的馬在1分鐘內產生的力量。馬力又稱為HP,即「馬的力量(Horse Power)」的縮寫。

🚗 汽車的兩種力量

汽車的動力大致分為馬力和扭力兩種。馬力是汽車能夠產生的最大力量，扭力是瞬間能夠產生的力量。馬力可以想成是百米田徑選手，雖然體格不壯，但速度快；扭力則可想成是摔跤選手，雖然跑得不快，但瞬間發揮的力量強大。

🚗 究竟是大象強大，還是傾卸車強大？

大象是陸上動物中力量最強大的動物。大象的體重重達數噸。很久以前，大象還曾上過戰場。大象力氣大，衝破敵陣，分散敵軍，令人顫慄驚恐。除了戰場以外，大象也在建築現場出力，舉起石柱之類的沉重建材，代替人們投入費力的工作。

以現今來看，大象是類似傾卸車的存在。在汽車之中，傾卸車是非常大的車子。光是車重就超過10噸，載貨的話可重達20至40噸。大象則是重5噸左右。動力良好的傾卸車輸出功率超過500馬力，相當於500匹馬的力量。1頭大象很難對付500匹馬吧？不進行拔河對決，實在難辨大象和傾卸車之中誰更強大。

汽油稱為揮發油，
柴油稱為輕油

汽車有油料才能跑，一旦沒油就得進加油站，沒油的話車子無法行駛。請仔細觀察加油站，油料主要有兩種，即汽油和柴油。

現代Staria

🛢 汽車用油有兩種

　　汽油稱為揮發油，柴油稱為輕油，兩種油都來自石油但性質不同。從地下提取的原油由數百種成分組成。煮沸原油後，隨溫度分離出來的油料有所不同，此處分為汽油和柴油。

　　兩種油的成分不一樣，無法同時放入同一輛車，務必區分好再加油。為避免拿錯，加油站油槍也會用不同的顏色或標示，也會在汽油中溶入色素方便區分。注入油料的加油孔尺寸也不同，避免錯放其他油料。萬一將柴油加入汽油汽車，引擎等油料經過的零配件將全部無法使用，修車要花上一大筆錢。

🚗 卡車使用柴油引擎

汽油和柴油可視為截然不同的油料。若是汽油，無法使用而流失的熱量較多；比起汽油，柴油廢棄的能量較少。通常，燃燒汽油有25%左右可用作實際能源。柴油為40%左右，燃油效率好得多。比起汽油，柴油在引擎內爆炸的力量強，聲音大，震動也大，還產生大量黑煙。柴油的動力佳，常用於大型車。從小卡車到傾卸車般的大車，都靠柴油才能行駛。火車和船也以柴油為動力來源。

🚗 乘用車主要使用汽油

汽油引擎安靜，震動小，以人乘坐為主的乘用車使用汽油。柴油引擎也不同於以往，變得安靜地多，震動減少。乘用車也會使用柴油，特別是車身又大又重、重點放在載貨的SUV，需要強大的動力，所以安裝柴油引擎。隨著技術發展，柴油引擎排放的汙染物質減少，柴油乘用車也隨之增加。但是，減少柴油的汙染物質有其極限，很難滿足愈來愈強化的環境限制。隨著混合動力車和電動車等環保車市場的擴大，柴油乘用車正在逐漸減少。

美國不太用柴油車。汽油和柴油的油價也差別不大。車體壯碩的SUV或小型卡車，大部分都是靠汽油引擎行駛，日本的乘用車也幾乎不使用柴油。

改善汽油引擎缺點的柴油引擎

德國機械工學家魯道夫‧狄塞爾得知汽油引擎熱損大、動力小的事實後，企圖開發性能更好的引擎。汽油引擎採空氣中混合燃料燃燒的方式，所以熱損大。狄塞爾開發出只壓縮空氣，加至高溫後噴出燃料，使其自動爆炸的引擎。他以自己的名字命名柴油引擎（diesel engine），發明柴油引擎的狄塞爾瞬間成為首富。

為何跑車
發出的聲音很吵？

汽車引擎的聲音很吵，除了引擎聲，汽車會發出各式各樣的
噪音，令人感到不快。汽車公司致力於使汽車安靜，而且也
會以多安靜來看製車的優劣與否。

麥拉倫720S

🚗 汽車聲音大的原因

　　汽車靠引擎動力行駛。引擎構造是注入內部的燃料爆炸後產生動力，燃料爆炸
會發出巨大聲響。乘車時聽不太到，在車外聽起來也很小聲是因為聲音外流的過程
會經過各種裝置，所以噪音減少。

🚗 有的車會將噪音轉換成悅耳的聲音

　　像減少引擎聲一樣，也可以改變聲音，將引擎聲轉換成悅耳的聲音，有時會
成為車子的特色。將聲音行經路徑的零配件和裝置做好設計，就能發出悅耳的聲
音。保時捷、瑪莎拉蒂、法拉利，都是這類聲音好聽的車。最近，不須變動機械裝

置設計，而是故意用揚聲器製作音效，使車子發出變造過的輕快引擎聲。

摩托車比汽車小，但聲音更大。這是因為汽車有足夠的空間設置各種降噪裝置，但摩托車做不到。

電動車以安靜特性為人所知，因為電動車不是靠引擎驅動，而是靠電動馬達，馬達與引擎不同，聲音不大。搭地鐵時聽到的高音「嗡嗡」聲，就是馬達轉動的聲音。在人多之處，汽車的聲音會聽不見，車外人們無法察覺周圍有沒有車。有些電動車出於安全考量，製作成會發出汽車引擎聲。

🌀 跑車的引擎聲是故意放大

跑車也可以透過聲音表現其強力迅速的特色。引擎聲調整好，再做適當強調，可以產生動態氛圍。強調力量或速度的車子，會在某種程度上讓引擎聲更容易被聽到，駕駛時得以感受到非常輕快的氣氛。

只在賽道上奔馳的賽車，索性原封不動保留引擎聲，聲音大到必須戴耳塞的程度。為了活絡賽車比賽的氛圍，聲音故意不做調整。賽場吵雜熱鬧，氣氛才會活絡，觀眾聽到巨大的賽車聲也能激起興奮情緒。

帕加尼Utopia

比飛機更快的汽車

汽車的魅力在於速度快。評價汽車技術實力的標準之一是速度快，想要像風一樣快速奔馳也是人類的慾望。科學技術的發展與人類的慾望相結合，誕生出比音速更快的汽車。

Bloodhound SSC

科尼賽克Gemera

布加迪Chiron Super Sport 300

🚗 速度的歷史

　　對於一般汽車來說，汽車速度紀錄有所極限。目前市面上銷售的汽車中，最快速的車子是布加迪公司產製的「Chiron Super Sport 300+」。最高時速紀錄為490.8公里。實際銷售車款的速度限制在時速440公里，相當於從台北行駛到墾丁只要1小時，速度非常驚人。銷售用車中，最早時速超過400公里的車是布加迪Veyron。但時速只要超過400公里，行駛15分鐘輪胎就會融化，實際上路有困難。而且在那之前，12分鐘就燃料耗盡，車子也跑不了。

　　汽車發明後，速度記錄測定一直在進行。1910年，賓士汽車首度超過時速200公里。1927年，時速突破300公里的汽車問世。時速400公里在1933年被打破。當時創下紀錄的車子不是一般汽車，而是由12缸36.5升巨大飛機引擎製成的速度記錄用車締造新紀錄。

🚗 比音速更快的汽車

　　速度記錄用車是只為速度而製的車。車子的設計以空氣力學為考量，旨在提升速度。大部分的速度記錄用車採用最能發揮速度的火箭形，可視為帶輪子的火箭。超音速車（Thrust SuperSonic Car，簡稱Thrust SSC）是英國製的速度記錄用車，創下時速1227.985公里的極快速度，比平均時速900公里的飛機還快。

　　聲音1秒走340公尺，按時速計算是1224公里。比這更快就超越音速，所以稱為「超音速」，飛機也大多無法比超音速快。超音速車創下在地上首度超越音速之車的紀錄，超音速車的製作群制定了時速1000哩的挑戰計畫。時速1000哩相當於1小時跑1600公里，速度非常驚人。

　　對於這類速度記錄用車，首要的是別浮至空中。一般飛機時速240公里左右就能升空。由於超音速車的時速已經輕鬆超過1000公里，反而需要貼近地面行駛的技術。速度記錄用車超越了汽車的領域，由於是在地面上行駛的火箭，所以汽車和航太技術都適用。

速度測試在哪裡進行？

速度記錄用車的測試需要有極長的直線道路，因為會瞬間行駛驚人的長距離，這樣的道路不容易找。速度記錄主要在沙漠、鹽湖、沙子堅硬的海濱等非一般道路之處完成。

究竟是汽車快，
還是摩托車快？

汽車速度的標準有兩種。一是能夠行駛多快的
速度，一是時速達到100公里的時間有多短。
以一口氣就能超過時速100公里的速度行駛，
最高速度快也是錦上添花吧？

🏍 速度以數字來表示1小時的行駛距離

物體跑的快速程度以速度來表示。汽車和摩托車都是行駛快速的物體。速度是
以數字來表示1小時能跑多遠的距離。搭載1.0升引擎的輕型車開至最高速度，時速
可達160公里左右，這是1小時可跑160公里之距離的速度。以該速度長時間行駛是
有困難的，持續全速行駛車子會吃不消，就像用盡全力跑步會跑不久一樣。

更大更快的車子，時速可輕鬆超過200公里，時速超過300公里的車子並不多。
跑車或高性能汽車等引擎強大的車子可以發揮高速度。即使時速能夠超過300公里，
在一般道路上快速行駛也很危險。汽車公司在這類快車上安裝了限速裝置，讓車子
的一般時速不會超過250公里。某些地區的時速限制為210公里。

🚗 挑戰速度極限的汽車

　　最快速的車子布加迪Chiron比最高營運時速300公里的高鐵還快。時速超過400公里的車子極罕見，但有幾輛能達到。單純作為速度記錄的車子，有的時速超過1000公里，這是達到音速的極快速度。雖然這類車不是市面銷售車，但可以行駛於道路，由於是只為速度記錄用車，無法扮演交通工具的角色。

　　時速達100公里的所需時間也反映了汽車的性能。最高速度再快，時速達100公里的時間也可能很慢。極速跑車從靜止狀態至時速達100公里需要2秒左右的時間，一般屬於快車的車款為3至4秒左右，只要5至6秒也可以分類為高性能。我們常乘坐的一般車款通常需要10秒以上。

🏍 摩托車比汽車快

　　摩托車看似比汽車慢，但其實加速更快。從靜止狀態到時速達100公里需時約在2秒的摩托車款很多，需時2秒左右的汽車則很少。官方最快的摩托車最高速度可達時速440公里。時速超過300公里的摩托車也為數不少。摩托車可以跑得比汽車快，但兩輪的穩定性不如汽車。歐洲和日本的摩托車公司為了安全，甚至曾經一度沒有生產時速超過300公里的摩托車。

至少有30至40年歷史的古董車

使用幾次就再也用不了，只能丟掉的產品稱為消耗品。例如，印表機的墨水匣用完墨水就不能再用必須換新；鞋子穿久會磨損，不能再穿得重新買。汽車也是消耗品，開太久會舊或故障，必須更換。

凱迪拉克355A

Singer保時捷

奧斯頓馬丁DB5

法拉利250 GT

汽車能開多久？

　　汽車行駛時經常遇到不好的環境條件，地面持續有震動傳上來，外部不斷接觸空氣或水。就像持續運動或工作會感到疲勞一樣，汽車長時間行駛也會累積疲勞。如果疲勞持續下去，車內的零配件會老化而變得無法使用。如果繼續發生故障，就得報廢買新車。

　　汽車的使用壽命取決於如何管理保養。如果駕駛開車粗魯、行駛長距離，最久4、5年就會發生故障。同樣的車，如果保養得宜，行駛距離不多，有時可開超過10年。管理極佳的車子得以維持數十年生命。

老車翻新

古董車要維持在最新狀態，必須修理老舊部分。若有零配件實屬萬幸，如果沒有，必須換成最近新出的零配件。老車翻新（restomod）指的是保留老車外表，內部做變更的車子。雖然外表看起來像古董車，但引擎或變速箱都換成最近的產品，所以車子性能卓越。有時引擎車還會乾脆換成電動車。

不是年代久就是古董車

　　古董車（classic car）指的是在逾數十年的漫長歲月裡保持最初原貌的車子，甚至發動還可以行駛。古董車的歷史可視為等同汽車的歷史，有的初創期汽車還保留至今。

　　不是單純年代久就能成為古董車。已經達到必須報廢程度、狀態不佳的車子，應該沒有保存價值。即使不是高級車，也要具備一定的名聲。至少問世數十年，才能受到古董車的待遇。10至20年的車子很難說是古董車，至少要30至40年才能稱為古董車。

世界的古董車文化

　　在外國，親自保養管理自家汽車的文化很普遍。人們會珍重保護自己擁有的車子，自然而然形成古董車文化。相互展示古董車的活動很多，買賣古董車的拍賣文化也很活絡。以汽車文化發達的國家為中心，古董車文化延續流傳。管理佳、價值高的古董車，可以折合新台幣數億至數十億元的價格進行交易。

　　歷史悠久的汽車公司直接設有管理古董車的部門，繼續生產數十年前推出汽車的零配件，有時也協助將老舊車復原成新車。古董車愈多，愈能炫耀和宣傳公司的歷史，所以它們積極支持古董車文化。

汽車起火的原因
不是油料

汽車行駛載有少則30公升,多則100公升的燃料。油料具易燃性,一般會認為靠油料行駛的汽車容易起火。如果油箱受到衝擊或車子因事故發生碰撞,真的會像電影情節一樣烈焰高漲嗎?

🔵 汽車不如想像那樣容易著火

　　汽車油料有汽油和柴油兩種。直接燒火時,柴油不會燃燒,而汽油很會燃燒。汽油車發生事故時容易著火嗎?其實不然。

　　即使發生事故且燃料外洩,如果沒有易燃物質,汽車也不會著火。引擎內燃料燃燒的情況會持續,但引擎內剩下的燃料不會爆炸。注入引擎室內的燃料量非常少,如果事故發生,引擎會立即熄火。油箱內有特殊裝置,可以切斷注入引擎室的燃料。油箱四周密閉,火勢不容易擴散到油箱。

🔵 汽車起火的主要原因是電氣裝置

　　燃料爆炸很少會引發汽車起火,大部分起火是電氣裝置短路而引起。漏油的話,其他地方產生的火勢擴散,車子可能會著火,但通常不會發生汽車爆炸。曾有

電視節目實驗汽車是否會爆炸，先用大型起重機將汽車抬到45公尺高然後摔落。雖然車上裝滿油料還啟動引擎，不過掉落的車子並沒有爆炸。

汽車受到衝擊時容易爆炸的傳聞，實為電影中的爆炸場景而出現。為增添電影趣味，所以加入汽車追擊的場面，然後時常在追擊後出現爆炸場景。所以這類爆炸場面是刻意安排的效果。

電影中會在車上裝設炸藥，引發大爆炸。仔細觀察的話，也可能發現汽車未經碰撞就爆炸的場面。汽車爆炸會產生大量黑煙，但實際上不到那種程度。電影是為了演繹戲劇性的場景，所以才誇大效果。

> ### 平時要好好管理
>
> 沒有做好汽車管理，也可能會著火。引擎機油未更換，引擎的摩擦熱升高，引擎也會著火。如果引擎室中有大量灰塵，配線冒出火花時，火勢容易擴散。車上要常備滅火器，以防著火。

🔘 在加油站要小心

汽車不易著火，爆炸的風險小。儘管如此，仍要隨時小心起火。在加油站加油時可能會引起火災，尤其要特別注意汽油。在加油過程中，一部分油料會像蒸汽般流散到空中。在此火花四濺的話燃料就可能著火，導致火勢也可能擴散到車子。所以加油時車子務必熄火。

為什麼黑、銀、白色的汽車居多？

汽車的顏色五花八門，但其中最暢銷的顏色是黑色、白色、灰色等三種顏色。這些顏色是無彩色，意即無色相或彩度，僅有明度的顏色。全世界都是這三種顏色的車比例最高。

麥拉倫Artura

🌀 為何要漆上顏色？

　　汽車的車身主要是鐵製。除了鐵之外，也使用鋁或碳纖維。鐵碰到水分會生鏽，要保護鐵就必須上油漆。鐵鏽現象稱為腐蝕，金屬材料有腐蝕的顧慮，所以用油漆製作保護膜。

　　汽車車身為防腐蝕而上油漆，但要上什麼顏色的油漆並無規定。地球上存在的顏色數不勝數，然而不是所有都能用作汽車的顏色。若是大量生產的汽車，顏色太多會難以製作。訂定數種代表色再生產，效率才能提升。代表色少則5至7種，多則10多種顏色。

🚗 主要使用黑色、白色、灰色

黑色、白色、灰色、銀色汽車的比例很高。這四種顏色占整體汽車的80%左右。根據統計，在台灣選擇白色車的有約41%，接著是灰、藍、黑、銀。汽車塗料大廠PRG發布的統計報告也顯示，全世界車色排名也是以白色占比35%為第一。

有人認為白色車因為需求多，二手仍能賣到好價格，夏天也不易吸熱減少空調耗能，因此偏向選白色車。雖然汽車廣告多以鮮豔亮彩色留下深刻印象，但實際上銷售仍以保守的無彩色為大宗。

🚗 顏色有其功能

顏色有功能性。白色車會反射陽光，夏天在一定程度上可防止車內溫度升高。黑色吸收光線，夏天車溫會更高，冬天車子反而變得更暖和。銀色車沾上汙染物也不太明顯，只是偶爾洗車也看起來不髒。

特定顏色可代表品牌。以跑車聞名的法拉利，著稱的主色是紅色；賓士以銀色是象徵色。有時新款上市時，也會指定特定顏色為代表色。

起亞Sportage

🚗 有的車需要特別的顏色

消防車漆上紅色，紅色醒目且象徵火的顏色。幼兒園或學校載送兒童的校車是黃色，計程車隨國家地區而異，有各自特定的顏色。美國紐約的計程車都是黃色，英語稱為yellow cap，是紐約的象徵物。

舉例韓國首爾公車分成四種顏色。根據行駛地區或距離分為黃色、綠色、藍色、橙色公車。只看公車顏色就能輕鬆知道是去哪裡的車。

為什麼韓國以大車和轎車居多？

在韓國，人們傾向於將汽車視為炫耀自己的手段，而非運輸工具。在美國，家中車子有好幾輛，很難經常換車，且親自維修汽車的文化根深蒂固。日本也以長期開同一輛車聞名。

起亞K8

🚗 在韓國大車很暢銷

　　韓國人喜歡轎車和大車。轎車是常見的汽車，明確區分為三部分：內有引擎的前部、人乘坐的空間、後部突出的載貨行李廂空間。在韓國這類轎車最暢銷，除了因為其為最基本的型態，人們相當熟悉，認為有利於維持品位或體面；而且載貨空間另外備置，行李廂部分突出，相信即使後面其他車撞到也很安全，所以韓國人們喜歡轎車。

　　韓國人傾向於把汽車當作向別人炫耀的手段。因此，喜愛轎車和大車的現象相契合，中型或準大型轎車很受歡迎。

最近SUV的數量也增多。自2010年代中期起，不僅韓國，全世界也掀起SUV熱潮。一輛車可以用在多種用途，加上空間利用效率卓越，所以很受歡迎。

日本的輕型車，美國的皮卡貨車

日本的土地狹小，道路複雜，所以偏好小車。打算買車時，必須確保自家有停車場或他處有停車的地方，所以儘量會選擇購買小車。日本單單輕型車就有數十種。

美國的皮卡貨車最暢銷。美國的宅配文化不發達，大型貨物也親自載運。由於生活特性，常有載貨需求，所以偏好皮卡貨車。

歐洲喜歡掀背車

對於喜歡實用產品的歐洲人來說，小型掀背車正中下懷。掀背車指的是行李廂未突出的車。由於是兩個箱子相連的型態，所以稱為兩廂車（2 Box Car）。掀背車長度短，行駛在狹窄道路上也不會不方便。行李空間看起來小，但摺疊後座的話，也可以放入很多行李。歐洲人喜歡掀背車和旅行車。旅行車將轎車後部做成方形，可以裝載更多行李踏上長途旅行，很適合旅行文化發達的歐洲。

<table>
<tr><td>隨地區不同
喜歡的車款也不同</td></tr>
<tr><td>在四季天氣宜人的美國加州，行駛時可打開車頂的敞篷車比其他任何地方都暢銷。在下雪日多的北歐等地，雪道上也能穩定行駛的四輪驅動汽車大受歡迎。</td></tr>
</table>

BMW 5系列Touring

雙龍Rexton Sports Khan

賽車的外觀
都長得很像蟲子

賽車是快速行駛的車,所以設計以速度優先。無論外型或構造,賽車與日常生活中乘坐的車子迥然不同。F1賽車只能乘坐一名駕駛員。細長車身是將空氣阻力最小化的構造,一般汽車的輪子在車子內側,但F1賽車裝在車身外側。

保時捷LMDh賽車

🏎️ 賽車重要的是快速

　　F1賽車只為飆速行駛的目的而誕生。比起駕駛員的舒適感,更注重的是性能。駕駛座狹窄,車輪外露,車型低扁,外觀就像蟲子一樣。速度可達時速350公里以上,比賽的行駛速度一直維持在時速200公里以上。為能飆速,車重也非常輕,通常為600公斤左右。就連輕型車重量都超過900公斤,如此可見賽車有多輕了吧?

　　F1賽車是專為競賽而納入各種尖端技術的車。作用與一般汽車相去甚遠,而且結合了各種工學技術,所以不稱為汽車,而是叫做「機器(machine)」。

　　並非所有賽車都長得像F1機器。賽車的種類有很多種。有的車只是套上與一般

汽車相似的外殼，有的賽車外觀與一般汽車根本一模一樣。外型雖然差不多，但裡頭截然不同。

🚙 堅實又安全

賽車得飆速行駛，所以特別注重安全，即使碰撞或翻車，駕駛員也不能受傷。首先，賽車以鐵結構物加固汽車內部，安全帶也與一般汽車不同，固定處更多。觀看賽車時，可以看到車子與其他賽車相撞翻滾幾圈後，駕駛員仍然會好端端地走出來。事故發生時，賽車受到的衝擊程度不同於一般汽車。

賽車會按照各種汽車競賽量身定做。耐力賽是要連續在24小時期間行駛的競賽，車子發生故障就會被淘汰，所以行駛24小時也要完好無損，車子要做得非常堅實，具備卓越的耐久性。穿越沙漠和險地的達卡拉力賽（Dakar Rally），必須經得住崎嶇險路和極端天氣。達卡賽車同樣要堅實而快速地行駛。WRC是奔馳在彎路險地的競賽，車子可能顛簸，還要在崎嶇彎路上持續行駛，所以會加固車子的下盤，以便持穩方向。

奧迪RS Q e-tron

賽車的特殊安全裝置

賽車有許多特殊安全裝置。首先，賽車手會戴上大型頭盔，衣服以不燃材質製作。車裡也有滅火器，以防萬一。安全帶與一般乘用車不同，採固定6個點的六點式安全帶。雖然安全帶將駕駛員的身體牢牢固定在座椅上，但緊急情況發生時可一觸解開，方便快速逃脫。獨特裝備為頭頸部支撐系統（Head And Neck Support，簡稱HANS）。安全帶再穩固，在汽車碰撞時只能固定住身體，頭會向前傾斜導致頸椎受傷。於是使用頭頸部支撐系統，從頭盔到肩膀皆固定在座椅上，可防止駕駛員頸椎受傷。

汽車開發時會多地測試

汽車開發要經過多地測試，假設行駛過程中可能經歷的情況，跑遍極限地域，至今仍會在世界各地的沙漠、雪地、山路進行測試。以性能自豪的車子一定會去德國紐柏林賽道。經過紐柏林賽道測試，足以讓性能獲得認可。

Mercedes-AMG ONE

紐柏林賽道

以險峻著稱的賽道──紐柏林

位於德國中西部萊茵－普法爾茲邦紐堡的紐柏林（Nürburgring）是以險峻著稱的賽道（賽車用道路）。紐柏林賽道在1927年開通，迄今將近100年。最初是經過艾菲爾山的道路，常有賽車在此舉辦。由於路程險峻，賽車中途時常發生事故，所以乾脆把道路整修成賽道。剛開通時，相關人士預測，由於賽道非常險峻，10分鐘內難以完成。由德國奧迪、霍希（Horch）、DKW、漫遊者（Wanderer）4家品牌合併而成汽車聯盟（Auto Union）汽車公司產製的C型賽車推翻了1936年的預測，以9分56秒3的紀錄打破10分鐘大關。現今，包括耐力賽在內的多樣賽車活動仍在紐柏林賽道舉行。

地上體驗的綠色地獄──北環賽道

紐柏林賽道的長度為25公里左右，路程頗長，分為南北環賽道。特別是20.8公里的北環賽道（Nordschleife）惡名昭彰，有「綠色地獄（Green Hell）」之稱。拐彎處有150多個，高低差達300公尺，導致行駛不易，也經常發生事故。賽道延伸至樹林裡，所以得到綠色地獄的別名。北環賽道是汽車製造商在開發新車時的著名試車場，單單繞紐柏林一圈就有行駛數千公里的效果，非常適合測試性能和耐久性。有些汽車公司在賽道附近成立測試中心，就近營運。

北環賽道是集合汽車業界整體紀錄的舞台

由於眾多企業在此測試，北環賽道的完跑紀錄成為技術力的尺度。汽車公司會自豪地宣傳在北環賽道創下的紀錄。以2022年11月為基準，實際銷售的量產車（大量產製的汽車）中，Mercedes-AMG ONE車款在2022年10月創下6分30秒705的最快紀錄。在非量產車中，保時捷919 Hybrid EVO賽車在2018年6月創下5分19秒546的成績。

可在副駕駛座上體驗賽道的 RingTaxi

紐柏林賽道也向一般民眾開放，繳費後就可以自由奔馳。可以開自己的車，也可以租車。這裡雖然稱為賽道，但法律上是收費的單向通行循環道路，無需接受培訓或取得許可證，可行駛的車款也沒有限制。此外，這裡還有營運RingTaxi，不用親自駕駛，便可在副駕駛座上體驗賽道。營運方式是由專業車手開車載觀光客，使用可以切實體驗賽道的高性能車款作為RingTaxi。

飛行車
真的存在嗎？

如果能夠開車飛上天空該有多方便？平日駕駛的汽車，在需
要時變成飛機飛上天空，這樣的想像不是只在電影中才能實
現，實際上飛天車正在開發中。

AeroMobil

🚗 令汽車嚮往的飛機

　　汽車和飛機的共同點是快速移動。飛機的速度非常快，飛向廣闊的天空，途中
不會堵塞，也不必躲開障礙物，且更快就能抵達目的地。汽車貼著道路行駛，所以
速度沒辦法像飛機一樣快。脫離道路有難度，如果路上滿滿是車，只能慢慢前進。

　　你一定想像過在飛越壅塞馬路上空的汽車，有時電影中也會刻畫這樣的想像
——摺起車輪同時伸出機翼，就出現可以任意飛行的汽車。有的汽車外型像帶有機
翼的飛機，有的以汽車型態原樣自由自在地飛行。

🚘 現實中的飛行車

　　據說飛行車早在1949年就已問世，其構造為將汽車架上飛機機身，手動展開機翼。最近許多公司都在開發飛行車，完成開發的型態各式各樣：汽車模樣帶上機翼而看起來像飛機的汽車、直升機般上下移動的汽車等。目前與其謂之汽車，其實更接近飛機。以現在的技術，飛上天空必須具備飛機機身。

　　即使開發出飛天車，要實際駕駛仍有很多問題必須解決。成百上千輛車子要飛行空中，勢必得好好整頓交通，另外也需要起飛或著陸的空間。現實的問題是價格，現在開發中的飛天車就像小型飛機，價格非常昂貴。

🚘 有讓車子無法飛的裝置

　　飛機必須飛上天空，所以機翼成為獲得飛上天空力量的構造。汽車則相反。車子只是浮起來一點點，車輪落地就很危險。所以汽車的設計力求更貼合地面。你應該看過在車子行李廂蓋上架著看起來像翅膀的物體，這是提升穩定性的裝置，使車子快速行駛時能貼合地面。

　　飛機準備起飛時需要輪子在跑道上行駛。大型飛機起飛時，一般在時速260公里左右的速度開始飛。這個速度汽車也做得到，所以在汽車上安裝機翼理論上可以飛。

空中飛行車——AeroMobil

多家公司正在開發飛天車。大部分目前還停留在試飛階段。斯洛伐克汽車公司AeroMobil已在2017年推出飛天車AeroMobil試製品。它與廂型車一般大小，平時機翼摺疊，如果轉換成飛行模式，機翼就會展開。只要具備200公尺左右的跑道，便能飛上天空。前後有4個輪子，搭乘人員為2人。速度高達時速360公里，可飛行空中750公里左右。

車內
配備浴室
和廚房

MINI Countryman

如果想舒舒服服享受露營，適用行李空間較大的車子。如果想更舒服享受，最好連睡覺吃飯都能在車內，也的確有這樣的汽車存在，那就是露營車。

🚙 出去玩適合什麼樣的車？

　　適合出去玩的車是可以載很多行李的車。如果想走非柏油路或泥土路等，最好車底高且四輪驅動。高大的廂型SUV很適合去戶外玩，特別是去露營時。SUV的行李廂大，可以載大量露營行李。車內寬敞，摺疊後座靠背，就變成像帳篷一樣的簡易臥室。

🚐 移動的房子──露營車

　　露營車原本是以方便露營的構造製成的車，比SUV更適合露營。車內像小房間一樣，有床鋪，還備有浴室和廚房，就像是把公寓或民宿壓縮後搬到車內。要具備這樣的構造，車子必須夠大。

　　露營車是由迷你廂型車或貨車改造而成。若要設置更多設施，有時也會利用大型卡車或巴士進行改造。任何能夠停車的地方，都能當作露營地，無需費力搭建帳篷或準備炊事設施等，舒舒服服就能享受露營。

　　露營車的駕駛方式與一般汽車相同。有的車類似露營車，但沒有駕駛功能，只具備設施，這種所謂的露營拖車是連結在車子後方拖著走。也有設施如同在SUV般高大型車車頂設置的帳篷，可以將一般汽車打造成露營車。

🚐 汽車露營始於美國

　　福特公司在1908年推出價格低廉的T型車，開始出現汽車露營。T型車是首款大量生產的汽車，價格便宜，許多一般民眾買這款車改裝後前往露營旅行。據說，創立福特的亨利‧福特喜歡露營，曾與發明家愛迪生、製造泛世通輪胎的哈維‧泛世通（Harvey Samuel Firestone）等熟人一起去露營。

　　歐美的長期旅行文化已經根深蒂固，經常車上載一堆行李去度假數星期。可解決食宿的露營車很適合長期旅行。露營車在歐美很發達，有的人乾脆住在露營車裡。停留露營地幾個月，然後遷徙到其他地區生活。

外國不用「露營車（camping car）」一詞

開車就能到處溜達的露營車，本身具備動力，稱為「motorhome」。拖在車後的露營拖車，在歐洲稱為「caravan」，在美國稱為「travel trailer」。摺疊起來載著走，到露營地在車子上方展開使用的是「tent trailer（露營拖車）」或「pop-up trailer（彈起式拖車）」。固定在露營地，付費使用的露營拖車稱為「mobile home」。

知名賽車手可以賺多少錢？

發出震撼人心的引擎聲，以比風還快的速度在賽道上疾馳的
機器！登上靈巧賽車，冒著生命危險展開競逐的人稱為賽車
手。在賽車活躍的外國，賽車手擁有如同巨星一般的地位。

🏁 賽車明星

　　賽車等利用汽車的運動，即所謂的動力運動（motorsport），也是運動的一個領
域。台灣雖然沒有能舉辦大型國際賽事的正規賽車場，但也有表現出色的賽車手屢
創佳績。賽車運動發達的外國不僅賽車運動極受歡迎，知名車手與藝人、足球、棒
球運動明星一樣擁有高人氣。

🏁 耗資數百億元的運動

　　F1大獎賽是賽車運動中最受歡迎的運動，會在一年期間巡迴世界20餘國進行競
賽。F1有10多支車隊，每支車隊（預備車手除外）有2名車手。全世界能夠參加F1
競賽的賽車手只有20名。獲得F1車手資格就已經成為明星。

F1的規模非常大。經營一個車隊，一年耗資新台幣數億至數百億元。開發賽車也所費不貲。數以百計的人從事研發或營運工作。

賽事在一年期間往返世界各地，必須運送大量人員和賽車，所以是相當耗費金錢的運動。F1在全球深受歡迎，所以F1來往的資金規模也很大。電視轉播費昂貴，企業向車隊貼標誌的收取費用也非常高。如果想在賽車上打廣告，必須支付新台幣數億至數十億元。一場F1競賽的來往資金就超過新台幣數十甚至數百億元。

賽車明星的收入

由於資金規模大，車手們也收入豐厚。知名車手的年薪近新台幣約16億元。再加上每次勝利時獲得的獎金和廣告代言等其他收入，收入更高。收入少的車手年薪也有約新台幣數千萬至數億元。F1收入最高車手的年薪在運動明星年薪排名中名列前茅，可見F1是全球性的高人氣運動。

不僅F1大獎賽，WRC、勒芒24小時耐力賽、美國NASCAR等賽車運動在海外都大受歡迎。賽車選手們從四、五歲起開乘小跑車來培養實力。賽車運動受歡迎，也具備了接觸賽車的環境。

路易斯·漢米爾頓

像百貨公司般
展示汽車的車展

車展在世界各地舉行，種類五花八門。有的以展示當下銷售的車子為主，有的只集合歷史悠久的古董車，有的車展只有跑車登場。車展的規模也各式各樣，從只展示數十輛的小型展示會到數百輛汽車現身的車展都有。

奧迪概念車

BMW概念車

🚗 汽車的展示會——車展

　　汽車的種類超過數百種，街道上就能看到各種車，只是暢銷車很容易看得到，銷量少的車則不易見到，太貴而賣得不多的車子更難親眼見識，於是把車子集合一處供人參觀，這樣做不錯吧？有此想法的人創辦了車展。車展是集合汽車讓人參觀的展示會。就像百貨商店一次展示多樣物品一樣，車展有許多汽車集合一處。

🚗 可見到未來的車

　　車展上有非常多的車子，會展示當下銷售的車子或即將上市的新車。概念車不

是用來銷售，而是汽車公司打算在不久的未來製造這款車或推出這類技術時，用以呈現汽車公司計畫的車。由於不是當場要賣，大部分以無法上路的模型亮相。這是呈現計畫的車，所以用創意的方式來表現。概念車與現在路上行駛的車外觀大不相同，看起來不現實。在車展上，展示未來的概念車比目前銷售的車子更重要。

🚗 世界各地的車展

世界聞名的大型車展在德國法蘭克福、美國底特律、瑞士日內瓦、法國巴黎、日本東京等地舉行。每個車展上，主要活動於該區域的公司會推出很多車。通常大型車展舉辦在汽車產業發達的地方，日內瓦車展是特殊情況，雖然瑞士不製造汽車，但車展卻盛大舉行。台灣也會舉辦車展，邀請國內外知名車商參加。

🚘 車展的衰退

車展是所謂的「汽車產業之花」，數十年來盛大舉行，自 2010 年代中期開始逐漸衰退。隨著電子設備和 IT 技術在汽車產業中的比重增大，比起車展，汽車公司更致力於參加電子博覽會。社群網路服務（SNS）和多樣資訊渠道愈來愈發達，不去車展也能接觸到汽車資訊的機會增多，以現場展示為主的車展魅力減少。車展的成本效益愈來愈低，退出的汽車公司一個個增加。主要車展的規模大幅縮減，人氣也不如從前。

以彩繪或變形裝飾的藝術車

汽車本身也可以成為藝術作品。藝術家將汽車當作畫布，在上面塗繪或變化造型，製成藝術作品。如藝術作品般改裝的汽車，稱為藝術車，由汽車公司與藝術家攜手製作，或者由藝術家利用知名汽車來發表藝術作品。

BMW THE 8 X JEFF KOONS

BMW M1藝術車

著名藝術家繪製的獨一無二藝術車非常稀少

藝術家將汽車當作畫布使用。有的藝術車是用筆刷一筆一筆塗繪完成，來自藝術家手藝的感性備受重視。如果車輛數增加，藝術家的畫要在數十輛車上表現得一模一樣。唯有汽車製造技術和手工作業實力卓越，才能製作出發揮藝術性又完成度高的藝術車。

著名藝術家繪製的作品獨一無二，所以藝術車非常稀少。由於是花錢也買不到的車，價值難以估計。汽車愛好者或尋找珍稀車款的收藏家，買不到藝術車會深感遺憾。

積極製造藝術車的 BMW

BWM藝術車已成一個系列。1975年由亞歷山大‧考爾德（Alexander Calder）製作的3.0 CSL是藝術車的開端。之後安迪‧渥荷（Andy Warhol）、弗蘭克‧斯特拉（Frank Philip Stella）、羅伊‧李奇登斯坦（Roy Fox Lichtenstein）、大衛‧霍克尼（David Hockney）等頂級藝術家也曾參與製作，完成作品。47年間誕生的作品總計達19個。

這類藝術車只製造一輛而且不銷售，可在全世界巡迴舉行的展示會或BMW博物館看到。BMW藝術車的特色為它們並非空有繪裝，而是在實際能行駛的汽車上作畫。有的藝術車還直接以藝術作品的模樣參加賽車比賽。

可購買的限定版藝術車── THE 8 X JEFF KOONS

BMW製作限定版藝術車，提供購買藝術車的機會。「THE 8 X JEFF KOONS」是僅有99輛的限定版藝術車。美國現代藝術家傑夫‧昆斯（Jeff Koons）也曾在2010年製作第17輛BMW藝術車。他在M3 GT2車款上繪製速度感十足的條紋，表現賽車的動感。作為「THE 8 X JEFF KOONS」基礎的車款是BMW 8系列Gran Coupé。昆斯運用藍色、黃色、銀色、黑色等全部11種顏色來彩繪圖案。「THE 8 X JEFF KOONS」意味著藝術車製作的重大變化。

保時捷車款也經常使用藝術車

保時捷車款數十年來積累出獨特風格，在跑車市場上獲認可為象徵性的存在，因此深受藝術家們的喜愛。356 Janis Joplin、968 L'Art de L'Automobile、996 Swan、911 Daniel Arsham、911 Fat Car、Taycan Queen of the Night等，皆是藝術家們以保時捷車款為素材製作的各種藝術車。

保時捷911藝術車

汽車的構造
——引擎蓋內的世界

汽車需要專業維修人員經手，但普通人也可以進行一定程度的檢查。只要打開引擎蓋，隨時檢查看得見的部位，就能延長車子的壽命。

汽車由 2 至 3 萬個零配件組成

汽車零配件中，眼睛看得見的只是一部分。原本許多部分錯綜複雜，所以要修理汽車就必須專家出面。汽車企業致力於讓眾多汽車方便管理，製車盡可能堅實，避免故障發生的可能；即使故障發生，車子也設計成維修人員容易修理的構造。為了讓一般人也能輕易掌握車況，重要零配件都安置在顯眼的地方。

汽車前部的引擎室

汽車前部裝有引擎的部分稱為引擎室，引擎室上面覆蓋的巨大鐵板稱為引擎蓋。平時沒什麼事要打開，但如果車子出現異常，就得先打開引擎蓋查看。即使故障未發生，打開引擎蓋也可以知道汽車有無異常。

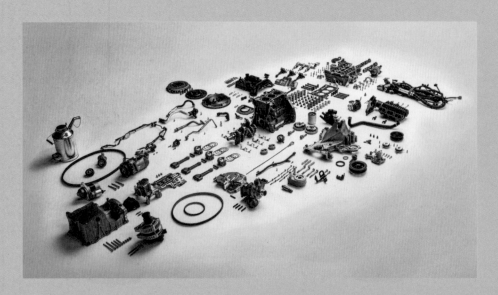

引擎流著兩種液體

　　引擎機油讓活塞能在引擎內平滑移動。冷卻水
可以冷卻變熱的引擎，就像我們體內流的血液一
樣；機油相當於動脈，冷卻水相當於靜脈。如同
動靜脈的作用不一樣，機油和冷卻水也有各自擔
負的功能。

　　打開引擎蓋，便可知道還剩多少冷卻水。冷卻水
不足的話，引擎變熱，起火的風險升高，因此有不足就
要補上，若有滲漏就得去維修。機油還剩多少、狀態如何也可以
看得到，拔下插在引擎上的細長機油尺即可，以機油尺上標示的刻度為基準。

剎車利用油料的力量來啟動

　　踩剎車踏板的話，油料受推擠，產生壓力啟動
剎車。查看位於引擎蓋中的剎車油箱，可以目視
確認還剩多少。掛在引擎上的皮帶轉動，同時進
行冷氣運轉等各種工作。皮帶磨損斷裂的話，倚
賴皮帶運轉的功能會停止。

汽車有很多電氣裝置

　　汽車啟動時也需要電瓶的力量。電瓶上有小視窗，
顏色會隨著電力狀態變化。隨時確認，如果壽命已
盡或出現異常就要更換電池。下雨或下雪日經常用
到雨刷，此時前擋風玻璃特別容易髒，必須頻繁
噴雨刷水。雨刷水箱也在引擎蓋內，必須檢查及
填滿，避免見底。

第6章

汽車與人物

福特Explorer

汽車是人類創造的偉大發明。機器能夠產生人類無法實現的力量和速度，但開發、設計和製造的主體是人。到目前為止，汽車的發展有無數人的努力在背後支持，特別是許多人在汽車普及初期創立公司。舉凡賓士、福特、法拉利、保時捷、藍寶堅尼，都是汽車公司的名字兼創始人的名字；汽車技術或零配件同樣也會使用發明者的名字，如柴油引擎的「柴油（diesel）」、用以吸收汽車衝擊的麥花臣懸吊（MacPherson strut suspension）之「麥花臣（MacPherson）」，即發明者的名字。汽車相關的工作繁多，開發、設計、製造、試驗、銷售、維修等不同領域都有許多從業人員。實力優異或卓然有成的人，在各個領域會獲得肯定，聲名大噪。

法拉利Roma

賓士、福特、法拉利、保時捷、豐田皆為人名

汽車發明於1800年代後期，雖然歷史逾百年，但相較於人類的歷史，仍屬新近之事。汽車是新出現的發明物。初期的汽車製造者中有不少人創立了汽車公司並持續經營至今。

賓士E-Class

🚗 賓士的由來

　　卡爾・賓士是1885年首度利用汽油引擎製造汽車的人。當時首度取得汽車專利的車子，又稱「專利電機車」。今日的賓士以高級車聞名。

　　1890年，戈特利布・戴姆勒創立汽車公司。戴姆勒將汽車命名為「梅賽德斯（Mercedes）」，梅賽德斯是奧地利企業家埃米爾・耶利內克（Emil Jellinek）女兒的名字。耶利內克向戴姆勒訂購了數輛汽車，戴姆勒以耶利內克的女兒的名字，將汽車命名為梅賽德斯。第一次世界大戰結束後，兩家公司合併，取名為戴姆勒－賓士（Daimler-Benz）。曾有一段時間，戴姆勒（Daimler）是集團名，「賓士（Mercedes-

Benz）」為品牌名。2022年，為因應電動化時代，公司改名為梅賽德斯－賓士集團（Mercedes-Benz Group）。

收購布卡堤的瑞馬克集團

隨著電動車市場的擴大，新的電動車公司陸續出現。瑞馬克汽車（Rimac Automobili）是克羅埃西亞的電動超跑製造商，收購超跑品牌布卡堤後更加出名。瑞馬克一名源自創始人馬特·理馬茲（Mate Rimac）的名字（克羅埃西亞發音為「理馬茲」）。

名車勞斯萊斯與賓利、大眾車福特

勞斯萊斯是公認的世界頂級車，共同創立公司的人為曾經營電氣裝置事業的亨利‧萊斯和曾擔任汽車經銷商、賽車手的貴族查爾斯‧勞斯。公司以兩人的名字取名。與勞斯萊斯齊名的賓利，則由熱愛速度的華特‧歐文‧賓利（Walter Owen Bentley）在1919年成立公司。

美國第二大汽車公司福特由美國亨利‧福特在1903年創立。亨利‧福特在1908年產製T型車，該車款當時價格為825美元，非常便宜。汽車製造時，利用移動式組裝線進行大量生產。福特在汽車普及方面扮演了重大角色。

亨利‧萊斯

查爾斯‧勞斯

勞斯萊斯Cullinan

華特·歐文·賓利

賓利Flying Spur

亨利·福特與T型車

福特Explorer

🔵 法拉利和藍寶堅尼跑車

　　法拉利可謂是全球最知名的跑車品牌，其創立者為恩佐‧法拉利。身為賽車手的恩佐‧法拉利原先在愛快羅密歐汽車公司工作，1947年自創公司，取名為法拉利。法拉利的競爭對手藍寶堅尼則由費魯齊歐‧藍寶堅尼創立。在投入汽車製造之前，藍寶堅尼原為製造曳引機的公司。

恩佐‧法拉利

法拉利Roma

費魯齊歐‧藍寶堅尼

藍寶堅尼Urus

取自人名的汽車公司名

跑車之中，像法拉利和藍寶堅尼一樣有名的保時捷，即費迪南・保時捷博士創立的公司。布卡堤（Bugatti）、克萊斯勒（Chrysler）、豐田（Toyota）、本田（Honda）、帕加尼（Pagani）也是人名。美國高級車品牌凱迪拉克（Cadillac）雖然是人名，但並非創立者，其名其實取自1701年開拓底特律的法國貴族兼探險家莫特・凱迪拉克（Mothe Cadillac）。使用他人名字的公司還有美國的林肯（Lincoln，美國總統）、特斯拉（Tesla，電氣工程師）。

費迪南・保時捷

保時捷Cayenne掀背車

沃爾特・克萊斯勒

克萊斯勒300C

狄塞爾發明的
柴油引擎

汽車相關名稱經常使用人名。其實不僅汽車，零配件或機械運作也會以人名來命名。例如汽車內燃機大多都是四行程循環，於是以發明此技術的尼古拉斯‧奧圖（Nicolaus Otto）命名為奧圖循環（Otto Cycle）。

專利電機車

魯道夫‧狄塞爾

🔩 動力比汽油引擎強的柴油引擎

　　汽車公司常以創立者的名字來命名。不僅公司如此，汽車的內裝零配件或技術也常冠上發明人的名字。柴油車指的是採用柴油引擎行駛的汽車。柴油引擎的英文名diesel engine取自發明人的名字「魯道夫‧狄塞爾（Rudolf Diesel）」。柴油車的燃油效率佳，若是相同大小的引擎，柴油引擎的動力比汽油引擎強。

🔩 發明家狄塞爾的生平

　　魯道夫‧狄塞爾在1858年3月18日出生於法國巴黎，在1894年開發出柴油引

擎。柴油引擎的熱效率高，經濟效益佳，經常用於工廠機器、船舶、火車等需要大型引擎的地方，對產業發展有重大影響。

柴油引擎的成功，讓狄塞爾成為富翁。柴油受到歡迎，製造汽油和蒸汽引擎的人開始感到嫉妒，所以雖然公司賺錢，但也引發爭執。長期處在如此不穩定的環境下，狄塞爾的健康狀況不佳。1913年，狄塞爾前往英國參加當地新建柴油工廠的動土儀式，但在穿越多佛海峽的途中從船上失蹤。

狄塞爾開發出引擎後，他允許任何人皆可使用，因此柴油引擎迅速普及。他的想法是技術應為共享，而非壟斷。

適合混合動力車的 阿特金森引擎

所謂的阿特金森引擎（Atkinson engine），由詹姆斯·阿特金森在1882年發明。與奧圖製造的汽油引擎相比，阿特金森引擎的缺點更多，所以較冷門。最近，混合動力車大量推出，這類車以電動馬達結合引擎行駛，且主要使用阿特金森引擎。

吸收車體震動且確保平衡的懸吊

汽車行駛時，無數震動從地面傳上來。雖然道路看似平滑，實際上並不勻整而且異物也多。汽車底部沒有吸收震動的話，汽車會蹦彈飛跳，無法正常駕駛乘坐。吸收車體產生的震動且確保平衡的裝置稱為「懸吊（suspension）」，位置在車底的車輪側。

麥花臣懸吊（MacPherson strut suspension）是以該懸吊發明人厄爾·麥弗遜（Earle MacPherson）的名字來命名。麥弗遜在任職美國通用汽車公司時開發出這項技術，但通用汽車不願意使用該技術，於是麥弗遜轉向競爭對手福特。福特產製採納懸吊設計的汽車並且大受歡迎。

懸吊系統

福特的流水線生產系統

將輸送帶引進汽車工廠的
亨利·福特

全球的汽車製造產量非常可觀，一年產製的汽車達1億輛。
世界第一大汽車公司一年製造1000萬輛左右的車子。接下
來將介紹運轉無休的汽車工廠系統。

苦思想要推廣汽車的亨利·福特

　　豐田或福斯這類競逐全球龍頭的公司，在全世界多處掌有工廠。每間工廠一年
產製數十萬輛車。每天要產製數千輛車，工廠必須不停運轉。能夠如此大量製造汽
車，憑靠的是流水線生產系統。

　　1900年代初，在汽車開發的初期是採用逐一手工製作。由於是人工製，無法大
量生產，而且價格高昂。福特汽車創始人亨利·福特認為，想要推廣汽車就必須大
量製造。有一天，他在芝加哥一家屠宰場看到人們靜靜站在原地，修整從面前經過
的肉，於是想到輸送帶的點子。

拜流水線系統之賜，大量生產得以實現

在福特工廠，製造車子的人不用到工作臺工作。作業物持續經過，作業員會站在同一位置工作。一個人不做多重工序，而是反覆只做一項作業。作業單純簡化，可以快速做好大量工作。

1910年，亨利‧福特建造4層樓的高地公園（Highland Park）工廠，按照車身製造、輪胎組裝、車身上漆、零配件組裝、最終檢查、出廠作業的順序產製汽車。作業從上層連接至下層，1913年設置了用輸送帶連接的組裝線。用這種方法，可以一次大量製造汽車。福特在1910年產製1萬9000輛，1913年開始使用輸送帶，產量增至24萬8000輛。福特製造的汽車數量相當於美國其餘汽車公司的產製汽車總數，產量驚人。

便宜又暢銷的福特T型車

亨利‧福特利用輸送帶系統製造福特T型車，該車款非常暢銷。1924年左右，美國有超過1000萬輛T型車上路。1908年T型車首度推出，在當時，汽車價格為2000美元，非常昂貴，一般人買不起。福特販售T型車的價格為825美元。自從使用流水線系統產製後，價格下跌至300美元。價格變便宜，普通人也可以輕鬆購買T型車。因此汽車得以普及，全歸功於輸送帶和T型車。

福特T型車

現代汽車創始人
鄭周永

每個國家有代表的汽車公司。自早成立，積累歷史傳統，從而代表國家。汽車企業會受到各國文化和生活環境的影響，通常會製造該國人們喜歡的汽車，體現一個國家的特色。

鄭周永會長

GENESIS G90

🚗 1967年成立的現代汽車

　　韓國有數家汽車公司。現代汽車、起亞、韓國通用、雷諾韓國、雙龍汽車。其中，韓國通用在美國通用轄下，雷諾韓國屬於法國雷諾轄下。雙龍汽車則是曾多次易主。純粹的韓國企業為現代汽車和起亞。現代汽車收購起亞後，實質上相當於代表韓國的汽車公司。

　　現代汽車由鄭周永會長在1967年創立。自從接管1940年成立的「藝術服務社（Art Service）」汽車修理工廠起，鄭周永會長開始與汽車結緣。不到一個月，工廠失火，他首度欠下一大筆債。但他沒有氣餒，繼續從事維修工作，1945年創立現代汽車工業公司。

HYUNDAI

🌐 打入世界排名前5的汽車公司——現代汽車集團

現代汽車工業公司獲得好評且蓬勃發展，1967年成為現代汽車。現代汽車與美國福特聯手產製「Cortina」車款。1974年公開韓國最早的獨有車款Pony，自1976年起正式銷售，亦即用國產技術產製的車子問世。Pony Excel創下韓國國產車首度打進美國市場的紀錄。此後，現代汽車持續成長。

1998年，現代汽車收購起亞，成為現代起亞汽車。隨著規模擴大，逐漸發展至世界第10大汽車公司。2001年，鄭周永會長與世長辭，此後現代汽車依然不斷成長。目前，現代汽車與起亞合起來的年產量達600至700萬輛，成長為世界排名前5的大型汽車公司。

🌐 貢獻韓國汽車發展的現代汽車會長鄭周永

鄭周永（1915～2001）會長是家喻戶曉的人物。他生前曾經說過這樣的話：「我開始做任何事情，總是相信自己能夠達成，然後全力以赴。除了90％『做得到』的確信和10％『一定可以做到』的自信之外，『可能做不到』的擔憂連1％都沒有。」

韓國原本毫無汽車技術經驗，鄭周永在韓國成立汽車公司，直到獨自開發車款和出口美國，實現了別人看來不可能的事情。他不僅為現代汽車，還為韓國汽車產業發展做出巨大貢獻。

現代Pony

世界著名
汽車設計師

要製造汽車，得先決定汽車的外型。汽車設計師
是繪製汽車外型的人。汽車公司有設計師專屬部
門。設計師業界也有聞名遐邇的設計師。

彼得・希瑞爾

🔘 汽車設計師的角色

　　有的汽車設計師曾經設計出全世界公認的酷炫帥車，有的留
下名垂汽車史的傑作，有的改變汽車設計的流行趨勢，有
的則是表現了偉大的設計。

　　在眾多設計師中，有3位設計師在21世紀發揮
了巨大的影響力，即使在其他國家也廣為人知，
即前BMW設計總監克里斯・班格勒（Christopher
Bangle）、現代汽車集團設計顧問彼得・希瑞爾
（Peter Schreyer）、前捷豹設計總監伊恩・卡勒姆
（Ian Callum）。著名的汽車設計師不只這3人，還
有許多設計師也在各家汽車公司大放異彩。

🔘 克里斯・班格勒

　　克里斯・班格勒從1992年到2009年在BMW工作，是革

克里斯・班格勒

新BMW設計的人物，獲得的評價是認為他將曲線之美注入過去以直線為主的BMW設計。之前，他曾在德國Opel和義大利飛雅特工作。2002年發表的7系列為汽車設計帶來重大變化，前所未見的設計和設計要素，不僅打破常規，也引發許多爭議。

🚗 彼得·希瑞爾

彼得·希瑞爾在韓國知名度高，他是翻新起亞設計的人物。奧迪TT被譽為彼得·希瑞爾的力作，是促使奧迪設計更上一層樓的重要車款。後來希瑞爾被延攬到起亞，他以虎鼻進氣格柵的設計要素，徹底改變起亞的設計。起亞車款的設計之所以看似雷同，希瑞爾在操刀設計時，致力於保持共同風格。

🚗 伊恩·卡勒姆

伊恩·卡勒姆是前任的捷豹設計師，將捷豹的設計變得更具現代風。他以前曾負責設計高級跑車奧斯頓馬丁DB7、DB9和第一代Vanquish，之後的V12 Vanquish還曾出現在電影《007：誰與爭鋒》。

伊恩·卡勒姆

以奧迪進氣格柵設計聞名的沃爾特·德·席爾瓦

所謂世界著名的設計師沒有一定的評定標準，從不同角度來看，沃爾特·德·席爾瓦（Walter de Silva）也可能超越伊恩·卡勒姆的評價。席爾瓦曾經任職於義大利的愛快羅密歐和飛雅特。1998年，他轉到福斯集團旗下的喜悅品牌，後來成為福斯集團的設計負責人。

奧迪車前面上下大面積相接的進氣格柵就是由席爾瓦設計，被稱為單框進氣格柵，其他汽車公司相繼模仿而蔚為流行。

世紀競爭對手
——法拉利 vs 藍寶堅尼

恩佐・法拉利

將賽車改造成一般道路用車款的
法拉利166 Inter（1948）

法拉利250 GTO

法拉利和藍寶堅尼都是義大利的跑車公司

　　若是問著名的跑車公司是哪一家，大部分的人會說法拉利和藍寶堅尼。這兩家公司已經成為跑車的代名詞，自然而然就浮現腦中。

　　這兩家都是義大利公司，也皆按照創立者的名字取名。兩者的廠徽都是動物，法拉利是馬，藍寶堅尼是公牛。雖然有數處共同點，但兩家公司自久遠以前便是競爭關係，始自兩位創立者的關係。

法拉利 Ferrari

　　法拉利創始人恩佐·法拉利（1898～1988）為賽車手出身。在義大利頂級賽車隊愛快羅密歐積累實力後，1929年成立以自己名字取名的「法拉利車隊（Scuderia Ferrari）」。他原本使用愛快羅密歐的車子參加賽車，與愛快羅密歐發生衝突後，在1939年成立汽車公司，開始親自開發汽車。次年，他推出名為 Tipo 815 的車子。由於當時與愛快羅密歐尚有契約關係，所以無法為公司和車子起名法拉利。

　　1947年，第二次世界大戰結束後，恩佐終於在馬拉內洛（Maranello）成立以自己名字命名的法拉利公司。法拉利原只製作賽車參加比賽，但財務愈趨困難，為了確保資金，進而量產一般道路用車166 Inter。後來又陸續推出帥氣跑車，跑車公司的名聲步步高升。

法拉利LaFerrari

法拉利F40

費魯齊歐‧藍寶堅尼

象徵藍寶堅尼的歷史性車款
Miura（1966〜1973）

藍寶堅尼350 GTV

藍寶堅尼 Lamborghini

　　費魯齊歐‧藍寶堅尼（1916～1993）是主修機械工程的工程師。第二次世界大戰期間，他曾經擔任維修軍車的士兵。戰爭結束後，費魯齊歐成立了以自己名字命名的曳引機公司「藍寶堅尼曳引機（Lamborghini Trattori）」。藍寶堅尼曳引機以不會故障著稱，在義大利全境很受歡迎，費魯齊歐因此賺進大把財富。他對於車子充滿興趣，甚至收集名車，改造自己的車去參加賽車。

　　費魯齊歐有一輛法拉利250GT。費魯齊歐察覺到離合器有問題後去找恩佐，想告訴他問題點，結果聽到「製造曳引機的人怎麼會懂跑車」的侮辱性話語。憤怒的費魯齊歐決定製造出比法拉利更出色的跑車，且在1963年成立藍寶堅尼公司。他立下「絕對要比法拉利更快」的原則，開始製作跑車。次年，藍寶堅尼的第一輛車350GT亮相。

　　正式獲評為超越法拉利的車子是1966年推出的Miura。Miura首次採用將引擎放在中間的方式，最高時速為280公里，在當時的量產車中速度最快。超級跑車意指比跑車更強而有力的車子，該詞的使用也始自Miura。

藍寶堅尼Diablo

藍寶堅尼 Reventón

第7章

各種機能與功用的汽車

汽車的主要用途是運送人貨，除此之外，汽車還在不同領域扮演各式各樣的角色。消防車出動滅火，救護車載送危急病人，警車投入抓捕犯人，軍車穿梭戰場作戰；諸如此類的特殊任務，一般汽車難以做到。車子必須配合特殊任務改裝或添加設備，才能輕鬆完成困難的任務。消防車裝有可爬上高處的雲梯，救護車內具備能夠治療患者的醫療設備，拖吊車裝有可拖走其他車的小起重機；軍用車製造得很堅固，得以承受車損的危險情況。多虧有這些車，我們才能享受更安全便利的生活。

各式消防車
出動

消防車的紅色有緊急和危險的意思，處理的是火災，所以也是火的象徵。在國外，除了紅色之外，還有各種顏色的消防車。在韓國也會按照用途漆上不同顏色，如黃色消防車。

🚒 消防車有很多種

我們較為熟悉的消防車有水箱消防車與幫浦消防車，兩者皆備有消防泵浦及相關消防救災工具，能加壓送水、射水，執行救火任務。

直線雲梯消防車是裝有長梯的車。高樓大廈或公寓起火時，可將人從高處運送到地面，消防員也可以爬上去撲滅高處的火災。曲折雲梯消防車與直線雲梯車類似，但有曲折臂結構。直線雲梯車只能一字展開，而曲折雲梯車可以彎折的形式展開，角落也能輕易到達。

失火時一定會出動不同功能的消防車

另外，有的是協助消防車的車。救助器材車載著滅火時使用的裝備。雖然不扮演滅火的角色，但要有這輛車，其他車和消防員才能順利滅火。化學消防車載著滅火時需要的化學藥品，在遇上難以用水滅火的化學藥品工廠等失火時出動。

還有照亮火災現場的照明車、抽出有毒氣體的排煙車、在完全無法用水之處所需的粉末消防車、在化學災難時救人的化學災害處理車、運送受傷人員的救護車、勘查災害現場並充當臨時搶救指揮站的災情勘查車等。

如果失火，請撥打電話119報案。消防局收到報案就會派遣人車出動，同時指派適當層級救火指揮官到場指揮。

禮讓消防車通行

消防車性能再好，如果無法早點抵達失火的地方，就沒辦法發揮作用。收到報案後，消防車大約會在80秒內出動。但即使這麼快出動，遇到路上塞車也沒意義。因此消防車鳴笛時，路上車輛必須禮讓消防車快速通過。有些地區的巷弄很多，大型消防車不易順暢通行。如果有車子違規停在巷弄，會導致消防車無法進入。所以平時也要遵守秩序，主動配合，讓消防車能夠順利通行。

狹窄道路也暢通無阻的迷你消防車

狹窄巷弄停滿車消防車會很難進入，不過如果消防車體積小就沒問題了。韓國一家中小企業正在開發銷售迷你消防車。迷你消防車的形式多樣，如摩托車、迷你卡車等，具備水箱、幫浦、消防水管等各種消防裝備。有時會將一般汽車改裝成消防車，主要是把1噸貨車或更小的卡車改裝成消防車，在貨艙設置水箱、水管和幫浦穿梭於狹窄巷弄。台灣也有配置泡沫滅火設備及高壓射水裝置的救災機車，可以迅速趕到現場執行初期滅火工作。

撥打119
救護車就出動

生病得去醫院看診，如果病到不便移動的程度就要叫救護車。救護車是運送病人的汽車。救護車備有簡單的醫療器械，以便在前往醫院的途中也能採取急救措施。

🚑 移動的小型醫院

　　救護車是移動的小型醫院，英文為「ambulance」，意指野戰醫院、醫療船、傷兵運輸機等臨時治療或運送病人的運輸手段。

　　救護車載有讓患者躺下的簡易床、醫療設備和醫藥品，還備有急救人員照顧病人的空間。通常救護車由迷你廂型車、1噸卡車或迷你巴士改造而成，為方便車內移動而將車頂加高。

　　在台灣，救護車多使用福斯，其中福斯T6.1 Kombi在台灣救護車市場占85%的多數。T6.1 Kombi有高頂及平頂兩種車型，車內有極大的彈性空間且兼具實用功能，因此廣泛使用於消防局、衛生單位、民間救護車公司。

救護車可分為119消防局救護車、民間救護車、醫院救護車等三大類，最常見的為119救護車及民間救護車。救護車主要由緊急救護技術員（EMT）負責患者到醫院前的各種緊急救護處理，多數為消防人員在結訓後考取證照擔任。

法律規定，一般救護車必須具備氧氣組、氧氣面罩、抽吸導管等器材，除此之外還有頸圈、頭頸部固定器、軀幹固定器、長背板等固定裝置，創傷處理的急救包等，擔架床也有規定的尺寸。加護救護車則除了一般救護車規定的裝備外，要另外準備加護急救箱、心臟監視器、電擊去顫器等器材設備。

「119」標示左右相反

呼叫救護車要撥打電話119。日本、韓國、中國的緊急救難專線也是119，英國和香港是999，美國是911，各國呼叫救護車的電話號碼都不一樣。

救護車警示燈閃爍且鳴笛，很容易辨認。有些救護車車頭的「119」或「救護車AMBULANCE」的文字會是左右相反。這並非寫錯，而是為了讓救護車前方車輛駕駛用後視鏡看時，文字會正確顯示，使其快速分辨後方為救護車。

在韓國，無法呼叫救護車時，可以家裡的車作為救護車，開啟危急警示燈，直接前往醫院即可。如有超速或闖紅燈的情形，之後在急診室取相關文件，亦可免除罰款或扣分。

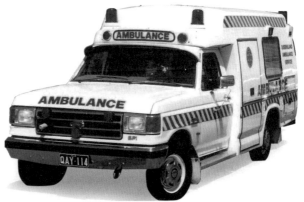

緊急時才能使用

台灣2022年消防緊急救護出勤130.8萬次，平均每日出勤3582次，其中包含協助新型冠狀病毒肺炎患者送醫。救護車理應於緊急狀況時使用，但不時有濫用救護資源的事件傳出，讓各地方政府針對此情形祭出收費罰則，立法院法制局也建議制訂分級收費制度並入法，避免珍貴的緊急救護資源遭濫用。

警察與罪犯
才會搭乘的警車

警車是警察們前往遏制犯罪或運送犯罪之人時乘坐的車。除此之外，警車的作用非常多樣，包括巡邏、盤查、辦案、押解罪犯、取締交通違規、取締酒駕等。

🚓 警車的任務

　　台灣在1950年代開始有軍用吉普車作為警車使用，這是為了因應大多數路面尚未鋪裝。像現在以轎車型乘用車作為警車，則始於1960年代。原先警車為紅色，但因為不易與一般民間車輛區分，所以仿效美國將警車改為黑白配色，並於1993年改為藍白配色。

　　追捕罪犯是警車重要任務之一，特別是要抓乘車逃跑的罪犯。在國外，有時以性能好的跑車作為警車。德國有時用保時捷作為警車，義大利有時用藍寶堅尼作為警車。豐產油料且財政充裕的西亞國家，有時還用賓利、布卡堤、法拉利等昂貴超跑作為警車。台灣一般常見的警用車多為國產轎車或休旅車，轄區因應地形等需求

可選擇四輪驅動休旅車，常見的有三菱、日產、福特等。

警車的配備和期限

警車的構造與一般汽車差別不大，除了特定用途的車，一般會在車身漆上象徵警察用車的藍白色。巡邏車、警備車、偵防車等會備有警鳴器、閃光燈、無線電話等。

警車行駛距離長且勤務繁多，因此必須堅固又耐用。台灣警用汽車使用滿7年、里程達12.5萬公里就應該汰換。

警車的外型各式各樣

警車的車款各式各樣，從小客車到可乘載多人的廂型車都有，通常我們周遭常見的是中型房車。道路鋪設率低的地方或山區使用SUV巡邏車。廂型車多為刑警乘坐，主要用以出動至犯罪現場、拘捕或護送嫌疑人。

偵防車的外觀與一般乘用車相同，在人們不知是警車之情況下四處巡邏，找出交通違規者。偵防車主要在高速公路上活動。

需要偵防車的理由

偵防車（偽裝車）與一般汽車看起來幾乎沒有差異，用途在於執行特種警衛、偵防指揮及犯罪偵防勤務。便衣警察會用偵防車隱藏身分辦案，國道上也會有偵防車執行違規取締工作。在香港將此種警車稱為「隱形戰車」。

韓國型智慧巡邏車

韓國在過去警車只有警示燈和鳴笛，直到2000年代後期才增加強化塑膠隔板、錄影系統和位置追蹤裝置。2017年起，開始引進智慧巡邏車。智慧巡邏車最重要的裝備是警示燈前的多重攝影機。多重攝影裝有紅外線感應器，無論白天還是夜晚，都能辨識周圍的汽車，且與警察廳資料庫相連，如有通緝中的汽車經過，可以即時確認。高雄在2023年也與電信公司合作推出可AI辨識的「5G智慧巡邏車」。

汽車的緊急救援隊
——拖吊車

汽車故障可以去附近的維修站修理。但是，如果故障程度嚴重車子根本動不了，就需要能把車子搬到維修站的汽車。後方裝有起重機，能夠搬移其他汽車的車子，正是拖吊車。

拖或載走違規停放、故障的車子

　　汽車由2至3萬個零配件組成，製造得再完美還是會發生故障。輕微故障不用馬上修理，去維修站處理就好，嚴重故障可能會導致車子無法正常發動，例如引擎或變速箱故障就沒辦法行駛。除此之外還有種種原因，可能導致車子動不了。此時，必須在其他車子的協助下，移動到可以修理的場所。

　　拖吊車是將故障的車拖走的車子，具備小型起重設備，可將車子提起來拖走。有些拖吊車的構造是將車子載在車斗上，如果車子故障到無法拖著走的程度，就得用載的方式移走。如果車子碎裂到無法移動也會需要拖吊車的協助。拖吊車也會負責拖走違規停放的車子。

🚗 汽車的緊急救援隊

拖吊車通常是改裝汽車的後面部分而成，在卡車、SUV、迷你廂型車後方安裝可以曳引車子的裝置。拖吊車的尺寸和種類也五花八門，從拖走乘用車等小車的拖吊車，到可處理大型卡車或巴士的大型拖吊車都有。

汽車發生故障或事故時，撥打電話給保險公司或汽車公司的緊急救援服務，拖吊車就會前來現場。警局也會與民營拖吊場合作，將違規車輛拖走。

用以比喻起帶頭作用的拖吊車

在韓國，拖吊車一詞也常見於完全無關汽車的領域。主要用以比喻「帶頭引領眾人的人或團體」（類似中文的「火車頭」一詞），常用形式為「新發現的新材料將成為產業的拖吊車」、「優秀人才是引領韓國學術未來的拖吊車」。

拖吊車的活動領域非常多樣。有時車子沒故障也得曳引，例如取締違規停車時，會拖走停在非停車區域之處的車；車子陷入河濱或海濱沙地無法脫離時，也是由拖吊車協助。

🔧 抬起驅動車輪再拖移

拖吊車曳引汽車時必須小心拖走。汽車有前輪驅動、後輪驅動（前驅或後驅）。前輪驅動的車子，後輪只是跟著轉動，後輪驅動的車子則相反，有的車子則採用四輪驅動。曳引時，必須抬起驅動的車輪；前輪驅動的車子要抬起前面部分，若是四輪驅動則不能用拖著走的方式，必須要以載運的方式，如此才能確保車內的零配件不會發生故障。

防彈堅固的
軍用車輛

軍隊是由保衛國家的軍人集合而成的特殊組織。軍隊中也需
要大量的車,許多類似我們日常使用的車,如乘用車、巴
士、卡車、SUV等,此外還有特殊車,這些車是軍隊訓練或
戰爭發生時的應戰用車,與一般車不同。

悍馬軍車

🚗 軍隊座車有點不一樣

指揮官開的車主要是吉普車,外觀如同SUV,車頂可以用布覆蓋掀開。軍車大
部分是卡車,依重量分為1.25噸、2.5噸、5噸、10噸等。這些卡車會按照特殊目的
改裝使用,有的用作護送傷兵的救護車,有的用作載送大炮的拖吊車,還有作為執
行作戰總部的篷車(boxcar)、負責通信業務的通信用車、運輸油料的油罐車等,用
途各式各樣。軍車裝上武器,戰爭發生時就能發揮攻擊戰車的作用。基本上,這些
車的用途是載送軍人。車斗是載貨之處,也是人乘坐的空間,可視情況用布遮蓋或
掀開。

🔵 軍車的構造簡單

軍車必須設計成故障時能夠簡易維修的構造，即使沒有零配件，也能以裝配類似的零件修理。軍車的構造簡單，幾乎沒有一般汽車的便利裝備。開起車來既費力又不方便，而且速度也很慢。不過，軍車的動力強勁，車身也很堅固。

駕駛軍車須持有軍車駕駛執照，是由國防部陸軍司令部管理駕駛執照的相關事務。依照不同的軍車駕駛執照，可以駕駛的軍用車各不同。 軍車視情況也可能委託民營維修廠商協助養護工作。

藏有玄機的軍用車牌

台灣的軍用車可分成行政車及戰術車，車牌為深藍色底配白字，車牌開頭是「軍」字。行政車又分成民用車牌，以及軍A～軍K＋數字5碼；戰術車則是以軍1～軍9＋數字5碼編號。軍A為將級單位用車、B為校級、C為廂型車等，後方數字開頭也各有意義，從車牌便可分辨車輛所屬單位和用途。

🔵 以軍車聞名的車

美國悍馬是現已消失的品牌，但悍馬車以堅固的SUV名聞遐邇。該品牌也曾製作外型與一般車款相似的軍車。德國賓士產製的G-Class SUV以作為通行險路的越野用SUV而馳名。該車款也在世界各國作為軍車使用。

賓士G-Class

各式各樣的
特殊車

世界上有各式各樣的汽車。汽車的基本任務是載人載貨，除此之外，汽車還能發揮許多功能。汽車種類五花八門，有些還會做我們意想不到的工作。

做各式各樣工作的卡車

　　傾卸車是載運泥土或碎石的車。抬高車子載貨的部分，泥土、碎石、石頭不用人動手，就能倒在要卸下的地方。罐車是載運油料、水、化學藥品或牛奶等各種液體的車。

　　道路清掃車有大型刷子，還可以灑水。車子將垃圾或灰塵吸進去，灑水使道路變乾淨。清掃車（掃地車、掃街車）會將地面灰塵、垃圾吸入車內的收集空間。除雪車有噴灑氯化鈣的裝置，氯化鈣可使雪融化，車子也附有把雪推開的工具。

用於特殊用途

　　裝甲車主要用於軍隊和警察，有堅固的鐵板包圍，可以安全載著軍人或警察執行作戰。除雷車會探測與清除地下的地雷，車體堅固，地雷爆炸也穩如泰山。

　　有的汽車可協助無法駕駛的障礙人士移動，座椅會自動調整，方便障礙人士乘坐。而且車子配備有升降台功能，坐在輪椅上就可以直接乘車。

為特殊目的改裝

　　不同於救護車，醫療巡迴車發揮了移動醫院的作用。有時前往沒有醫院的地區，化身為簡易醫院；有時在必須集體接受身體檢查或健康檢查的地方，減少眾人移動的麻煩。

　　移動圖書館是載著許多書來來往往的圖書館，載滿書前往農村或沒有圖書館的地區，方便人們借書。

　　捐血車配備捐血設備，在人來人往的地方讓想要捐血的人可以當場抽血。

　　飛機起降的機場也是有許多特殊車的地方。飛機可以自行移動，但起飛時進入跑道或著陸後移至機場設施的期間，暫時會需要飛機拖車的協助。也有車裝有小型輸送帶，協助飛機裝卸貨。

各種汽車的重量與速度

電影中可以看到力氣大的主角把汽車抬起移動的場景，人的力氣夠大的話，真的做得到嗎？最輕的輕型車一般重量接近1000公斤，汽車其實比我們想像的還重。

每種汽車的重量都不一樣

汽車的體積大小和重量都不一樣。用途和目的不同，重量就有差異。汽車的主要材料是鐵板。車子變大，重量必然變重。汽車重量輕，耗油較少且跑得更快。汽車的重量會視情況有所變化，隨著乘坐者的體重和載貨的重量增加。若有40人乘坐巴士，一個人的體重為60公斤左右，重量就會增加2400公斤。

賽車要夠輕盈才跑得快。用鐵板很難減輕重量，所以使用碳纖維之類的輕盈材料。通常賽車為600公斤左右。汽車當中，最小的輕型車重量為900至1000公斤左右，看起來雖小，卻是兒童體重的20至30倍左右。小型車或大型車重量為1000至2000公斤之間。大型轎車或SUV的重量超過2000公斤。乘用車再重也不會超過3000公斤。

電動車比配備引擎的汽車更重，因為電動馬達的供電電池又大又重，也讓車子整體的重量增加。

富豪XC40

卡車特別重

卡車和巴士的體積大，所以非常重。周遭常見的1噸卡車重量為1700公斤左右。1噸的意思是可載貨至1噸。傾卸車大小的卡車更重，光是車重就超過10噸。25噸或40噸的標示是指可載貨的重量。載滿貨的傾卸車重量最多可達40至50噸。

巴士也很重，一般為15噸左右。雖然不像卡車會載很多貨，但搭乘的人多，也會讓整體重量隨著人的體重增加。

引擎的性能決定速度

汽車的體積大小、重量和速度未必成比例。速度會隨著引擎的動力多強而有所不同。如果是體積大小和重量相似的車子，引擎愈強，則速度愈快。

搭載1升引擎的輕型車時速可達160公里左右，準中型車的時速可達200公里左右。一般中型車以上的最高時速在200至300公里之間。跑車則時速超過300公里，有的車甚至時速超過400公里。

為了安全起見，有時會限制速度。美國製的車子時速不得超過210公里，德國車的最高車速也限制在時速250公里。

高速巴士的時速可高達150公里左右。但為了安全起見，不容許時速超過110公里。5噸以上的卡車時速不得超過90公里。若無這類限速裝置，速度可以更快。

起亞Morning

奧迪R8

第8章

交通工具的歷史

BMW C 400 X

配備引擎的汽車發明於19世紀後期，但以帶輪交通工具來考量的話，歷史要長得多。車輪發明於西元前5000年左右。後來，運用輪子的交通工具一一出現。從推車開始，馬車、自行車、火車、摩托車等逐一登場。在帶輪交通工具的歷史中，汽車可說是最近出現的交通工具。而交通工具的歷史隨著動力的取得來源而產生重大變化。由馬曳引的推車發展成馬車，自行車是利用人的力量驅動。以機械動力取代人力，自行車再轉化為摩托車。引擎藉燃燒燃料產生動力，利用蒸汽獲得動力的火車或汽車，就是隨著引擎的發明而迎來新時代。未來，帶輪交通工具會進一步發展，可能出現劃時代的新穎交通工具。

特雷克斯Titan

人類的移動

距今超過100萬年前，人類開始挺直腰部，用雙腳走路。當時的人類稱為「直立人（Homo erectus）」。從此之後，人類雙臂變得自由，可以用手來製造工具。

首次使用移動工具

　　人用雙腿走路奔跑。用雙腳跑的速度慢，且體力有限，沒辦法無限制地前進，也很難在短時間內走得遠。遠古舊石器時代的人會直接將獵捕的野獸抬起搬走，要搬到其他地方居住時，行李也是逐一搬過去，當時主要依賴的是人力。

　　舊石器時代即將結束時，人們開始使用木塊。將木塊綑綁鋪平，裝上繩子載運貨物。在芬蘭曾經發現西元前7000年左右使用的移動用木板。比起由人直接搬運，使用類似的移動工具更加方便，但這還是需要由人曳引，移動上有其限制。

發明鞋子，利用家畜

　　鞋子在人類的移動上扮演重要角色。人類初期用樹葉或草覆蓋腳。會打獵之後，再用衍生的副產品動物皮革來裹腳。當時，

雙腿是唯一的移動工具，腳受傷就無法正常行走，保護腳一事變得非常重要。據說在埃及會穿用紙莎草製作的涼鞋，後來出現用布或羊皮等多種材料的涼鞋。

自西元前5000年左右起，人類馴養野生動物，飼養成家畜。其中，馬或牛可直接騎乘，亦可用以搬動木板上載的貨。利用動物作為移動手段，可以移動得更快，以及載運大量貨物。

涉水方法最為重要

人不能飛，無法飛上天空，但可以利用水。知道樹木會浮在水面的人類，用一隻手臂抱著圓木，用另一隻手臂划水渡過。

在舊石器時代，人們捆綁木材製成木筏，或者收集蘆葦用以渡水。在舊石器時代後期，人們積極狩獵，並利用皮革製船。縫接皮革後注入空氣，就像浮在水面的氣球，當作船來使用。

在新石器時代，工具有所發展，人們將樹木中間挖空做成船的型態，後來也發現了在當時實際使用船的痕跡。槳的使用在西元前7300年左右，獨木舟的使用在西元前6300年左右。

雙腳行走帶來的變化

從100萬年前起，人類開始挺直腰部，用雙腳走路，稱為直立人（Homo erectus）。從直立雙腳走路開始，人類的視線比以前更高，手臂也可以自由使用。視線變高，可以看得更遠，躲避遠方天敵或尋找獵物也變得比較容易。不須用手臂行走後，雙手也能用來製作工具。

從滾木、輪子
到推車

輪子算是人類首屈一指的發明。輪子發明後，沉重貨物也能
搬到遠處。甚至有人說，文明的開始與輪子同步。

🌀 最初使用滾木

　　古時候，人們讓動物拉雪橇般的木板來載運物品。雖然動物搬運的貨比人多，
但也有缺點，例如不適合走在蜿蜒崎嶇的道路上，也很難走得遠。

　　人們動腦想出滾木的發明。滾木是一種類似輪式溜冰鞋的東西，人們發現在裝
載物品的木板和土地之間，或者在物品和土地之間，放入圓木般的細長圓形物體就
能輕易地移動。自西元前5000年左右起，美索不達米亞、埃及、亞述等地開始使用
滾木。

🌀 發明輪子

　　在古代的昌盛王國埃及或亞述，建造宮殿寺院時需要巨大的木頭和石頭。為了
搬運這些東西，人們使用滾木，然後以牛馬拉動。埃及金字塔被譽為世界七大奇蹟

之一，據說當時已經使用滾木搬運建造巨大建築物的材料。滾木雖是劃時代的發明，但實際使用並不方便，在凹凸不平的土地上使用困難，遠距離移動也不容易。後來，滾木進一步發展成輪子。

輪子發明於西元前5000年左右，當時的人將原木裁成圓形並穿孔使用。西元前3500年左右，生活在美索不達米亞地區的蘇美人發明了用3塊厚木板拼裝而成的輪子。此後，輪子一再發展精進，像是裹上動物皮革避免堅硬的輪子脫落，還有貼上青銅板，使輪子更為堅固等。

圓木輪採縱切方式

簡單來想，木頭橫切再於中間穿洞的話很快就能做成輪子。但若是那樣，加諸重量時木頭很容易裂開。因此，人類學家推測是將木頭縱切之後修整成圓形做成輪子。3塊板子相連也是為了使輪子更堅固。

推車隨著輪子一起發明

輪子出現之後，推車隨之誕生。推車也在西元前3800年左右由蘇美人發明。外觀像是在雪橇底部固定長軸，兩端裝上輪子。當時，推車是由人來拉，所以無法做得太大。

隨著推車的廣泛使用和經濟活動的活躍發展，需要能載更多貨的推車。要加大推車，就需要超越人力的力量，於是人們將目標轉向家畜。早在西元前5000年左右，山羊、羊、豬、牛、馬、駱駝等都已豢養成家畜，其中牛和馬適合來拉推車。

雖然馬難以馴服，但牛很溫馴，而且力氣比馬還要大，所以最初主要是用牛來拉推車。

由馬匹拉動的
馬車

馬是特別的動物。在汽車問世之前，馬是重要的交通工具。
自西元前3000年左右之前，馬開始與人一起生活。

飛快奔馳的馬

　　馬車是由馬匹拉動的推車，在出現馬車之前主要是由牛來拉推車，並從西元前2000年左右起開始正式使用馬車。雖然馬的力量比牛弱，但能夠快速奔馳，主要用於戰鬥。

成為正式的交通工具

　　在美索不達米亞發現的壁畫中，畫有配備雙輪的戰車，由雙人乘坐。場面為一人操縱兩匹馬，一人向敵人射箭；埃及壁畫上也有戰車圖。另外，相傳中國商朝和周朝有由四匹馬拉動的戰車，名為「四馬」。在當時的王室墳墓裡也曾經發現馬車。

　　自西元前8世紀起，打仗改為直接騎馬，而非搭乘馬車。隨著戰爭中減少使用馬

車，馬車更常用於人們搭乘或載運貨物，車輪也從2個增加到4個。之後馬車成為正式的交通工具。

🚗 從馬車到汽車

17世紀，登上美洲的白人從東部移向西部。他們製造大型馬車，全家載著行李遷徙。由於行李繁多，且需要在車內睡覺休息，所以馬車的後部用布包覆。「馬篷車」一名的緣由在此，西部拓荒時代的馬車在電影裡也很常見。除了馬篷車之外，郵務馬車也廣為使用。

馬車還影響到汽車的發展。最初的汽車型態是在馬車上安裝引擎，可算是無馬馬車。汽車之中，雙門轎跑車源於馬伕坐在外面的雙人座四輪馬車。將轎車後面改裝成載貨空間的旅行車則是源於馬篷車，與美國西部拓荒時代的馬篷車有特別深切的關係。

汽車排放廢氣，馬車呢？

在汽車發明之後，有很長一段時間馬車依然是最常使用的交通工具，直到汽車開始普及的1900年代初中期，街道上仍可見馬車。汽車消耗燃料且排放廢氣。馬車則得時刻準備好馬吃的稻草或麥秸還有水。此外，馬會在路上大小便，使道路變得骯髒。

富豪V60 Cross Country

以人作為動力的
自行車

輪子引領人類文明數千年。歷經工業革命，開始出現使用輪
子的交通工具。發明家們致力於發明以人力驅動的輕巧交通
工具。

🌐 用輪子移動的輕巧交通工具

製作交通工具的靈感眾多，其中之一是將木馬裝上輪子移動。1791年，法國貴
族西夫拉克伯爵（Comte De Sivrac）在木馬上安裝雙輪，製成移動工具。採用騎上去
後用雙腳推進構造的這台機器是最早的自行車，稱為「塞萊里費爾（célérifère）」，
意思是「快行機」，也有「木馬（cheval de Bois）」之稱。

塞萊里費爾的前面部分，裝飾成馬或獅子等各式各樣，看起來有如現今孩子們
騎著玩的帶輪木馬。在當時，此機器更像是貴族們的玩樂坐騎，而非交通工具。

1817年自行車的登場

　　今日自行車的始祖出現於1817年。巴登大公國的男爵卡爾・馮・德萊斯（Karl von Drais）為管理森林的負責人。他也是一名工學家，在管理廣闊森林與土地的同時，決心開發出可以輕鬆騎行的東西。他在三角形車身上附加鞍座，裝上縮小尺寸的馬車輪子，完成自行車。與今日的自行車不同，構造上沒有踏板，而是由人腳蹬地面前進。1818年，此自行車正式在人們面前亮相，並且取得專利。

　　該機器以德萊斯命名，稱為「德萊辛（draisine）」，後來又稱腳蹬兩輪車（velocipede），意思是「快腳」。德萊辛是自行車的始祖，發明德萊辛的德萊斯被認為是「自行車之父」。

> ### — — 自行車鏈條的發明 — —
>
> 便士法尋車（Penny-farthing）是騎在大前輪上，摔倒時有嚴重受傷的風險。英國的詹姆斯・斯塔利改良車型，將鞍座放在2個大後輪之間，用小前輪來調整方向。這款自行車最終出現曲柄和鏈條，從此開發出車輪與鞍座相距較遠的現代式自行車。

配備踏板

　　1839年，居住在蘇格蘭德拉姆蘭里格（Drumlanrig）的鐵匠柯克派崔克・麥克米倫（Kirkpatrick Macmillan）發明了踏板。構造為人用腳轉動踏板，後輪就會轉動前進。沒有踏板的德萊辛時速為15公里左右，而麥克米倫的自行車的時速達到20公里。後來，認為德萊辛不方便的人也持續試圖裝上踏板。1860年，法國的馬車修理工皮耶・米肖（Pierre Michaux）與兒子厄尼斯特・米肖（Ernest Michaux）也發明踏板。他們製作的自行車成為現代式自行車的起始。

ⓒ Lyndon McNeil

摩托車的登場

摩托車是改良自行車而成的交通工具。有人認為自行車要用腳滑前行不方便，所以發明鏈條和踏板。繼而有發明家進一步認為「難道非得要費力才能行駛嗎？」試圖在自行車上安裝引擎。

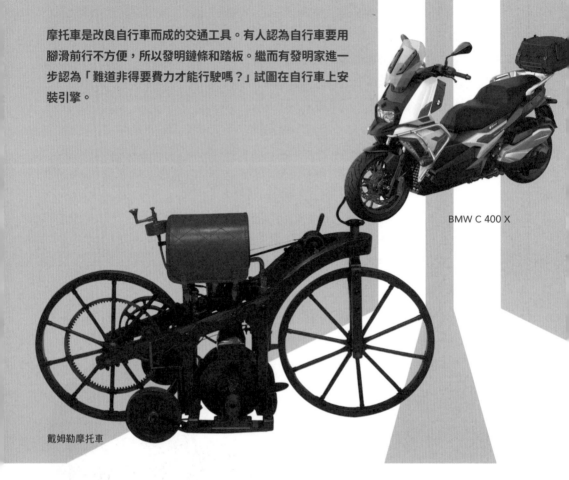

BMW C 400 X

戴姆勒摩托車

🏍 最早的摩托車——單軌車

摩托車的英文為autobicycle，意思是「自動（auto）行駛的自行車（bicycle）」。通常在國外還有motorcycle、autobike、motorbike、bike等別稱。

美國發明家西爾維斯特・羅珀（Sylvester Roper，1823～1896）將蒸汽機裝上腳蹬兩輪車（velocipede，自行車）。蒸汽腳蹬兩輪車在博覽會上展出。羅珀宣傳表示，蒸汽腳蹬兩輪車爬坡毫不費力，而且跑得比馬還快。為證明己言，他實際在人們面前行駛。遺憾的是，羅珀在示範途中死於心臟麻痺。

如現今配備引擎的摩托車則始於戈特利布・戴姆勒和威廉・邁巴赫（Wilhelm Maybach）製作的戴姆勒摩托車（Reitwagen），又稱為單軌車（Einspur）。戴姆勒以

身為早期汽車開發者聞名。戴姆勒與技術同仁邁巴赫一起發明單軌車。單軌車是在汽車開發過程中，為了試驗引擎而製作的工具，外觀與摩托車差不多，由2個大輪子和2個小輪子組成。

現代式摩托車的起始

正式的摩托車是由海因里希‧海德布蘭德（Heinrich Hildebrand）、威廉‧海德布蘭德（Wilhelm Hidebrand）兄弟和阿洛伊斯‧沃爾夫穆勒（Alois Wolfmüller）製作，外型為金屬車身配備空氣輪胎。

在法國，則製作出配備阿爾貝‧德迪翁（Albert De Dion）伯爵和喬治‧布通（Georges Bouton）發明的「德迪翁－布通（De Dion-Bouton）引擎」的三輪摩托車。該款摩托車很受歡迎。生於俄羅斯、移民巴黎的維爾納兄弟（Werner Brothers）製作出將引擎安裝在車身中間的摩托車。該摩托車是成為現代式摩托車外型初始的第一個車款。

作為交通工具，摩托車與汽車相互競爭。汽車在1908年美國福特公司推出T型車後，價格變便宜，發展迅速，汽車因此成為主要的交通工具。而摩托車更常作為休閒或體育用途，而非生活用交通工具。最近，在汽車未充分普及的國家，摩托車仍是人們經常騎乘的運輸工具。

本田摩托車

新文物的展示場──博覽會

自1500年代開啟了大航海時代，歐洲強國占領美洲和非洲等地，帶回豐富多樣的動植物和文化。自1700年代後期起，科學技術也迅速發達，新發明也增加，從此歐洲出現「博覽會」文化，博覽會是依主題展示和銷售新文物的活動。博覽會上會展示前所未見的物品。在沒有電視、電腦的當時，博覽會是一大看點。歐洲競相舉辦博覽會，每次都有令人驚豔的新發明出現。如今，各國仍會以各種領域為主題舉辦博覽會。

拓展人類活動領域的
蒸汽機車

水煮沸會產生水蒸氣，將水蒸氣蓄收再噴放可產生巨大力
量。利用這種力量的機械，正是蒸汽機。蒸汽機發明後開啟
火車和鐵路時代，人類獲得空間上的自由。

誰能追上我號

火箭號

🔧 先出現了蒸汽機

　　蒸汽機車是利用蒸汽機行駛的火車。蒸汽機為運用水蒸氣力量產生動力的機
械。1712 年，湯瑪斯‧紐科門（Thomas Newcomen，1663 ～ 1729）製成蒸汽機。

　　蘇格蘭的詹姆斯‧瓦特（James Watt，1736 ～ 1819）在修理蒸汽機時，發現其
重大缺陷。為了減少水蒸氣的損失及提高效率，在 1765 年，他加裝零件冷凝器，並
製作出第一台蒸汽機。

　　瓦特的蒸汽機效率比以前好四倍。1775 年，瓦特與當時的企業家馬修‧博爾頓
（Matthew Boulton）創立「博爾頓＆瓦特（Boulton & Watt）」公司。蒸汽機應用廣
泛，礦山、運河、釀酒廠、麵粉磨坊等多處都使用蒸汽機。據說，自 1775 年至 1800
年，售出的蒸汽機達 400 台。

蒸汽機車的誕生

瓦特的蒸汽機是僅限空氣壓力程度製成的低壓機器。要使蒸汽機車運轉，需要體積小且能產生高度壓力的高壓蒸汽機。

英國的理查·特里維西克（Richard Trevithick，1771～1833）利用高壓蒸汽機，首度製成蒸汽機車。特里維西克在1804年公開的蒸汽機車重達5噸。70人搭乘加上煤車，總重量達25噸。儘管這麼重，其行駛速度仍達時速8公里。

1808年，特里維西克製成名字有趣的蒸汽機車「誰能追上我號（Catch-Me-Who-Can）」。他在英國倫敦打造了圓形環線，但由於車軌無法承受火車的重量而裂開，最終未能展示。

鐵路時代的開始

正式開啟鐵路時代的是喬治·史蒂文生（George Stephenson，1781～1848）。他改良了特里維西克的蒸汽機，1825年製成火車「機車一號（Locomotion No. 1）」。該火車的時速達39公里，後來投入最早的煤炭運輸鐵道斯托克頓－達靈頓（Stockton & Darlington）路線。

1829年，可謂是蒸汽機車標準模型的「火箭號（Rocket）」登場，在當時的蒸汽機車競賽中以時速48公里的速度奪冠。火箭號行駛的是最早的客運路線利物浦－曼徹斯特（Liverpool & Manchester）。該路線在開始營運一年後，使用者就達到50萬人次，非常受歡迎。

煤炭的取得很重要

蒸汽機要水煮沸才能運轉。最初的方式是燃燒木柴，後來木柴逐漸不足，遂使用煤炭作為燃料。要開採煤礦來取得煤炭，必須先抽掉礦坑中的積水。1698年，湯瑪斯·塞維利（Thomas Savery）開發出蒸汽抽水馬達。但由於效率低，不太常用。1712年，湯瑪斯·紐科門用蒸汽動力成功將2.5噸的水從30公尺的深處抽上來。後來，該蒸汽機廣泛用於礦坑抽水。

橫跨大陸、馳騁萬里的火車

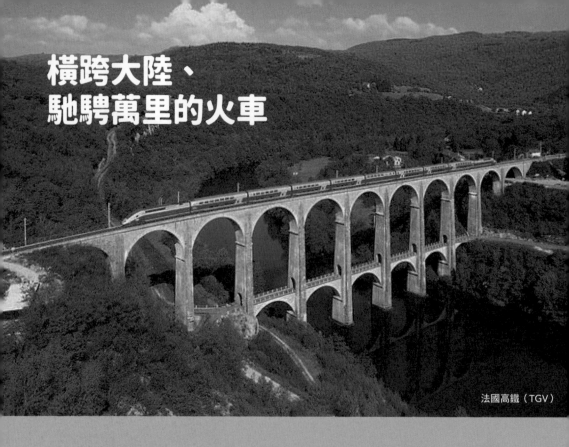

法國高鐵（TGV）

遠程旅行要坐飛機才快。越洋去其他國家可以坐船，但速度慢又耗時。陸地上雖有火車，但速度不及飛機快。

🌑 飛機雖快，但不方便

　　要快速前往遠地時，飛機似乎是最佳交通工具，但並非必然如此。飛機只能在具備跑道的機場起降。因為是在天上飛，天氣不好便無法起飛。雖然事故機率低，但一旦發生事故就非常危險。而且在機場上下飛機的手續相當耗時。

🌑 火車可供多人使用

　　火車比飛機慢，但火車站比機場多，所以要快速移動短距離時很方便。火車行駛在鐵道上相當安全，且受天氣影響較小。只有固定數量的車廂移動，所以也不會塞車。手續簡便，若是短距離，反而比飛機更快抵達目的地。火車連接多節車廂，可以載運許多人，搭載人數比飛機多得多。

最近，快速奔馳的高鐵愈來愈普遍。高速鐵路的時速為300公里左右，是行駛速度極快的火車。世界上最早高鐵通車的國家是日本，1964年，稱為「新幹線」的高速鐵路以高達時速210公里的速度行車。

🚄 與飛機一般快的高鐵

高鐵在世界各地運行，在歐洲，法國、西班牙、德國是代表國家。在俄羅斯、中國、美國等幅員廣闊的國家，高鐵充分發揮了其功用。土地廣闊、人口眾多的印度，預定也將建設高速鐵路。

韓國高鐵（KTX）自2004年起開始運行，往返於首爾—釜山、首爾—木浦等地。以前從首爾到釜山耗時4小時10分鐘左右，但隨著高鐵出現，最快只需2小時15分鐘。

高鐵的最高速度非常快。在試運行時，日本新幹線時速為603公里，法國高鐵（TGV）時速紀錄為575公里。韓國開發的高鐵「海霧」最高時速可達430公里。雖然速度可以達到這麼快，但實際運行時，基於安全等各種理由，時速只到300公里左右。

最長的火車

火車的長度比想像還要長得多。搬運煤炭或礦石的貨物火車中，最長的為澳洲礦商必和必拓（BHP）所擁有。2001年6月21日，運行的這列火車連接了682個車廂，長度寫下7.3公里的紀錄。據說當時火車與貨物加起來的重量就有8萬2000噸。普通貨物火車的紀錄由美國聯合太平洋公司（Union Pacific）所締造。2010年1月8日至10日，從德州開往洛杉磯的這列火車，載有296個貨櫃，長度為5.5公里，重量是1萬4059噸。

在載人的客運火車中，瑞士鐵路公司雷蒂亞（Rhaetian Railway）運行的火車最長。2022年10月，為紀念鐵路開通175週年，在阿爾卑斯山運行的火車連接了100節車廂，長度為1910公尺。

以引擎驅動的
交通工具

移動需要動力，所以人們發明交通工具，目的是用較少的力量移動得更遠、更快，並且搬運更重的貨物。移動的交通工具，分為人必須親自使力，以及工具本身就能移動的類型。

特雷克斯Titan

● 以本身動力可驅動者

　　自行車要人用腳轉動踏板才能前進。摩托車、汽車、船、飛機不用人力也能驅動。汽車的英文「automobile」意思是「本身得以驅動的車」。摩托車的英文「autobicycle」或「motorcycle」也分別意為「自動驅動的自行車」或「依賴馬達驅動的自行車」。

● 燃燒燃料以產生動力的引擎

　　要讓汽車自己移動，必須得先有動力，產生力量的部位稱為「引擎」。引擎將燃燒燃料的熱能轉化為動能。

236

引擎的種類很多。汽車、摩托車、船的內部都有內燃機。內燃機利用燃燒燃料時產生的力量，使位在引擎內的活塞移動，活塞像注射器活塞桿一樣上下移動，動力傳遞到車輪時，會變成轉動的力量。車輪轉動，車子也就能行駛。

🔘 引擎依賴燃料才能動

引擎以燃燒燃料的方式運轉，燃料不是汽油就是柴油。石油分離可分成多種成分不同的物質，代表性的是稱為揮發油的汽油，以及稱為輕油的柴油。

有的車子行駛使用電動馬達而非引擎。電動車是透過電池轉動馬達來取得動力的汽車，如同大家搭乘的地鐵，電動車也是用電行駛。電動車像手機一樣，電量消耗之後要充電才能繼續使用。

近來還出現結合引擎和電動馬達的混合動力車。基本為引擎運轉，必要時電動馬達會提供助力。另有利用氫氣行駛的汽車，方式為向氫氣車引擎注入氫氣，或者用氫氣發電來轉動馬達。如同引擎或馬達一樣，使車子運轉的動力部分是交通工具必不可少的要素。

凌志RX混合動力車

皮爾P50

最小的車，最大的車

世界上最小的車子是英國汽車公司製造的皮爾（Peel）P50，可以容納1名成人和1個購物袋。只能乘坐1人，門1扇，頭燈也只有1個設在車頭中間。50 cc引擎可發揮4馬力（一般輕型車的1 / 20），時速可達65公里。車身長134公分、寬90公分，重65公斤。

世界上最大的車子取決於如何制定標準。大體上，礦山或施工場使用的運輸卡車（haul truck）屬於大型車。長10至20公尺，重數百噸。運輸卡車中，如果可載貨物的重量超過300噸，則分類至ultra-class等級。特雷克斯（Terex）Titan、BelAZ 75710、卡特彼勒（Caterpillar） 797系列等皆以大型卡車聞名。

設計出發條驅動車的
李奧納多・達文西

自古以來，人們對於汽車有所想像。由於實現想像的技術不足，未能發展成實際發明。現在認為虛幻的想像，總有一天也可能實現。

如何實現腦中的構想

縱使有絕佳的點子和構想，實現仍然必須符合現實情況。即便制定了在火星上興建太空殖民地的計畫，但沒有來往的太空船根本無法實現。光有汽車的構想，如果支撐構想的技術或要素不足，終究也只能止於想法而已。

汽車開發出來之前，早有多人提出汽車的構想。雖然他們的構想未轉化成汽車發明，但無形中對於汽車的誕生帶來影響，奠定基礎。

曾想像過汽車的人們

古希臘詩人荷馬（Homer）寫的《伊里亞德（Iliad）》一書中也有汽車的相關故事，即匠神赫菲斯托斯（Hephaestus）在製作「20個裝上金輪子，會自動滑動的三腳鼎」。據說英國哲學家羅傑・培根（Roger Bacon，1214～1294）也曾寫道：「在遙遠的將來，將會出現不借助動物之力，可以自行行駛的車子。」不僅如此，他也預測到飛機和輪船。最終，他被誣陷企圖創造惡魔的奇蹟，為此身陷囹圄10年。

李奧納多・達文西　　　　　　西蒙・斯蒂文的推車

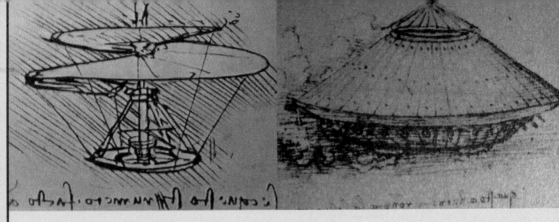

達文西繪製的直升機　　　　　　　　　　　達文西繪製的坦克

用發條驅動的車型

1482年，文藝復興時期的義大利李奧納多‧達文西（Leonardo da Vinci，1452～1519）製作了用發條之力驅動的車。據說，達文西為掛在教堂的大型壁鐘上發條時，不小心上發條的鑰匙彈出來傷及額頭。他靈機一動，想到應用發條鬆開的力量，畫下發條車的草圖。

1600年左右，比利時數學家西蒙‧斯蒂文（Simon Stevin，1548～1620）製作了裝上4個直徑1.5公尺大木輪的推車。像帆船一樣掛上帆篷，這輛車借風之力行駛，載著28人跑了68公里。

還有蒸汽車

1668年，比利時神父費迪南德‧韋爾比斯特（Ferdinand Verbiest，1623～1688）製成一輛長60公分的四輪蒸汽車，並固定上第5個後輪以調整方向，裝滿水後可跑1小時左右。《歐洲天文學（Astronomia Europaea）》中有這輛車的相關詳細描述。

1680年，英國科學家艾薩克‧牛頓（Isaac Newton）構想出用蒸汽向後噴出的力量行駛的汽車模型，但未能製成實物。

世界汽車史 100

探索汽車以卓越技術改變潮流的起源與演進

2024 年 4 月 1 日初版第一刷發行

作　　　者　林唯信
譯　　　者　賴姵瑜
編　　　輯　曾羽辰
美 術 設 計　林泠
發 行 人　若森稔雄
發 行 所　台灣東販股份有限公司
　　　　　　＜地址＞台北市南京東路 4 段 130 號 2F-1
　　　　　　＜電話＞ (02)2577-8878
　　　　　　＜傳真＞ (02)2577-8896
　　　　　　＜網址＞ http://www.tohan.com.tw
郵 撥 帳 號　1405049-4
法 律 顧 問　蕭雄淋律師
總 經 銷　聯合發行股份有限公司
　　　　　　＜電話＞ (02)2917-8022

TOHAN

國家圖書館出版品預行編目（CIP）資料

世界汽車史 100：探索汽車以卓越技術改變潮流
的起源與演進 / 林唯信著；賴姵瑜譯 . -- 初版 . --
臺北市：臺灣東販股份有限公司，2024.04
248 面；16.6×23 公分
譯自：자동차 세계사 100
ISBN 978-626-379-297-5(平裝)

1.CST: 汽車 2.CST: 世界史

447.1　　　　　　　　　　　　　113002226